탐나는 칵테일

탐나는 칵테일

홈메이드 믹싱 칵테일 76가지

지은이 **박주화 · 김기용**

이덴슬리벨

I CAN DRINK MORE THAN YOU
Alcohol is DEFINITELY SOLUTION
DRINK RESPONSIBLY.
WELCOME
to Liquor store
"H.O.M"

MAKE COCKTAILS AT HOME.
Liquor Store

prologue

요리보다 만들기 쉽고 재미있는 칵테일!

칵테일, 처음 접하는 사람에겐 어렵고 특별한 것, 거창한 것처럼 보일지도 모르겠다. 하지만 조금만 관심을 기울이면 요리보다도 쉽고 재미있게 배울 수 있다. 주변에서 쉽게 구할 수 있는 재료로 무궁무진하게 새로운 것을 만들어 낼 수 있기 때문이다. 재료와 알코올의 조합으로 탄생하는 나만의 칵테일을 마주하는 순간, 그 감동과 기쁨은 상상 이상이다. 한번 이 재미에 빠져들면 헤어나오지 못할 만큼 중독성이 강하다.

바쁜 일상에 쫓기는 현대인들의 삶은 음식문화에도 고스란히 드러난다. 음식은 음료와 식사를 뜻하는 말인데 전반적으로 '음'의 비중이 적고 '식'에만 치우친 경향이 있다. 한 잔의 음료, 한 잔의 칵테일을 음미할 수 있는 그런 여유로운 삶을 언젠가는 모두 누렸으면 좋겠다는 마음으로 이 책을 준비했다.

책을 쓰면서 그동안 칵테일을 만들며 있었던 재미난 추억들을 되새길 수 있는 계기가 되었다. 칵테일 하나 하나마다 이렇게 소중한 사연이 있었다는 것이 새삼 놀랍기도 했다. 음식도, 음료도 결국 사람과 나눌 때 더 맛있고 그 의미가 더해진다. 《탐나는 칵테일》은 '배우는 책'이 아닌 기분 좋게 '즐기는' 책이다. 독자 여러분이 주위의 사랑하는 사람들과 집에서 칵테일 파티를 즐기는 행복한 모습을 상상하며 이 책이 요긴하게 쓰이기를 바란다.

지은이_ **박주화 · 김기용**

| CONTENTS |

PART4_ 함께 즐기는 칵테일

PART5_ 요리에 어울리는 칵테일

PART6_ 셀럽의 칵테일

PATRON
TEQUILA

INTRO

칵테일을 만들기 전에 알아야 할 것들

칵테일이란?

칵테일의 사전적 정의는 알코올 음료(리큐어)에 다른 술을 섞거나 과즙, 탄산음료 또는 향료 등을 섞어 맛과 향을 조화롭게 살린 것이다. 하지만 칵테일은 단순한 주류라기보다 그 이상의 예술적 가치가 있다고 애호가들은 주장한다. 작은 계량의 차이로 달라지는 오묘한 맛과 잔에 담긴 그 자체로 아름다움이 있기 때문. 미국에서 칵테일이 탄생한 것은 1930년대. 대공황으로 금주법이 시작되어 일반 음료에 술을 섞어 마신 게 시작이다. 수많은 사람들에게 사랑받는 마티니, 맨하탄과 같은 칵테일이 이 시대에 만들어졌다. 1933년에 금주법이 해제되면서 칵테일은 전성기를 맞이하고 이후 제2차 세계대전을 통해 전 세계에 전파되었다. 우리나라에 칵테일이 들어오게 된 시기는 정확히 밝혀지지 않았지만 호텔의 등장과 함께다. 1888년 인천 서린동에 우리나라 최초의 호텔인 '대불호텔'이 세워졌고, 1902년 서울 정동에 세워진 '손탁호텔'을 통해 칵테일이 알려지게 되었다.

이 책을 활용하는 법

· **첫 번째, 인트로를 꼼꼼하게 읽고 칵테일 기본 상식을 익힌다.**

· **두 번째, 아래의 방법 중에서 골라 내게 맞는 칵테일을 선택한다.**

- 방법 1. 목차(p. 8)를 보고 베이식, 스페셜, 요리별, 계절별, 상황별 비중을 따져 마음에 쏙 드는 메뉴를 선택한다.
- 방법 2. 각 메뉴의 팁 박스에서 알코올 도수와 용량, 메인이 되는 맛을 확인하고 내게 맞는 칵테일을 고른다.
- 방법 3. 책 뒤쪽의 인덱스(p. 183)를 활용해 메인이 되는 술 베이스, 알코올 도수별로 칵테일을 찾아본다.

· **세 번째, 각 메뉴 팁 박스에 있는 잔 모양을 참고해 칵테일에 어울리는 글라스를 선택한다.**
잔으로 칵테일의 맛과 향이 배가된다!

· **네 번째, DVD와 큐알코드 동영상을 통해 칵테일 전문가의 비법을 손쉽게 따라 하며 배워본다.**

책에 나오는 기본 테크닉

1. 셰이크*shake* : 재료가 잘 섞이도록 흔들기

셰이커에 재료를 넣어 서로 잘 섞이지 않는 재료들을 혼합하면서 맛을 낸다. 얼음을 넣어 흔들기 때문에 칵테일을 차갑게 만드는 효과도 있다. 얼음이 많이 녹지 않도록 단시간에 끝내는 것이 기술!

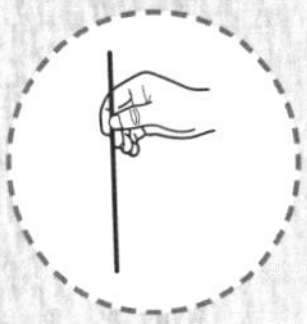

2. 스터*stir* : 휘젓기

잔에 재료를 넣고 잘 섞이도록 길고 가느다란 바스푼으로 젓는 것.

3. 레이어*layer* : 재료가 섞이지 않도록 층 쌓기

재료의 밀도가 다른 특성을 이용해 층을 쌓는 방법이다. 보기에도 좋고 칵테일을 마실 때 층층이 색다른 맛을 느낄 수 있다.

4. 블렌드*blend* : 재료와 얼음을 함께 갈아내기

블렌더를 이용해 재료와 얼음을 같이 갈아내는 법. 음료가 너무 묽어지지 않도록 얼음 양은 전체 50% 이하로 조절한다.

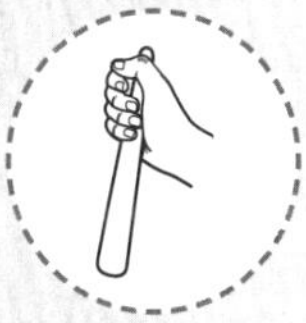

5. 머들*muddle* : 재료를 으깨서 과즙 내기

과일이나 허브를 찧어서 맛과 향을 살린다.

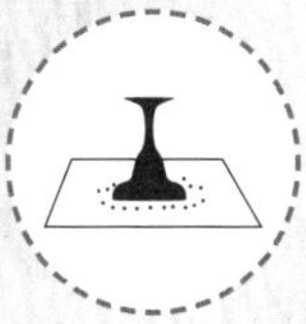

6. 리밍*rimming* : 잔 가장자리에 재료 묻히기

입술과 닿는 잔 가장자리에 소금이나 설탕을 묻히는 방법. 칵테일 음료를 잔에 넣기 전에 우선 레몬즙을 한번 묻힌 후 넓은 접시에 소금이나 설탕을 담고 잔을 엎어 가장자리에 묻혀준다. 잔이 완전히 건조된 상태에서 해야 뭉치지 않고 고르게 잘 붙는다.

《탐나는 칵테일》의 계량 방법

리큐어*를 잴 때

– 소주잔(혹은 종이 소주잔)

1잔 50㎖

½잔 25㎖

설탕을 잴 때

– 스푼

1스푼

(큰 스푼 하나)

1티스푼

(작은 스푼 하나)

칵테일의 3가지 구성 요소

1. 베이스

칵테일의 중심을 이루는 것. 베이스는 맛, 향, 빛깔을 살리면서 첫 번째로 방향을 제시하는 재료로 음료의 주요 특성이 결정된다. 보드카, 진, 데킬라, 코냑, 럼, 위스키 등의 증류주를 베이스로 사용한다.

2. 바디

두 번째로 비중 있는 재료. 베이스와 조화를 이루며 칵테일 구성에 영향을 준다. 와인이나 샴페인, 포트(주정 강화 와인) 등을 비롯해 토닉워터, 미네랄워터, 콜라, 진저에일과 같이 향이 가미된 탄산음료 역시 바디에 자주 사용한다. 과일 주스나 채소 주스 또는 생크림, 달걀이 사용될 때도 있다.

3. 풍미 첨가제

시럽, 리큐어, 비터스* 등과 같이 풍미를 살리는 첨가제는 베이스와 바디로 만들어진 칵테일에 맛과 향, 빛깔을 더한다.

리큐어 : 증류하여 만든 주정에 과실, 과즙, 약초 등의 성분을 넣고 설탕, 포도당, 꿀, 시럽 등 감미료를 넣은 혼성주

비터스 : 칵테일이나 드링크류에 향을 더하기 위해 만든 착향제

칵테일의 기본 베이스

진 *gin*

가장 널리 알려진 칵테일 베이스. 진은 칵테일 가운데 가장 유명한 드라이 마니티의 기본 재료다.

보드카 *vodka*

무색, 무취, 무향의 술. 그래서 칵테일의 다른 재료에 전혀 영향을 미치지 않으면서도 깊은 풍미를 더한다. 칵테일 베이스로 가장 대중적이고 활용하기 좋은 증류주다.

럼 *rum*

사탕수수를 증류해서 만든 술이다. 화이트 럼과 다크 럼이 있는데 칵테일에는 화이트 럼을 주로 사용한다. 럼을 베이스로 한 칵테일은 대부분 알코올 도수가 높다.

위스키 *whisky*

주로 곡류, 드물게는 감자를 원료로 한 증류주. 향이 진해 칵테일을 만들 때에는 아주 단순한 레시피에만 사용된다.

브랜디 *brandy*

네덜란드어로 '불탄 와인'이라는 뜻으로 보통 발효시킨 포도 주스나 와인을 증류해 만든다. 포도로 만든 것은 '코냑'이 유명하며 이외에 사과나 체리를 이용한 과일 브랜디가 있다.

데킬라 *tequila*

멕시코의 특산주인 데킬라는 푸른 용설란의 수액을 증류시켜 만든 술이다. 데킬라를 사용한 칵테일 중 대중적인 것은 '데킬라 선라이즈'와 '마가리타'가 있다.

재료 보관하기 : 칵테일 베이스와 리큐어를 보관할 때에는 병 입구를 깨끗이 닦고 마개를 꼭 닫은 후, 직사광선이 없는 서늘한 곳이나 냉장고에 보관한다.

최소의 칵테일 도구

1. 셰이커

재료를 흔들어 혼합할 때 사용하는 도구. 클래식 셰이커를 대체하려면 입구에 각얼음이 들어갈 정도로 넓고 뚜껑이 꼭 닫혀져 밀봉이 잘 돼야 한다. 텀블러나 마이보틀 같은 물병도 사용할 수 있다.

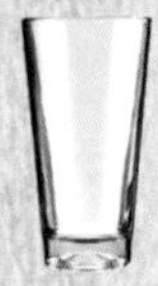

2. 믹싱 글라스

재료를 섞는 큰 잔이다. 스터와 머들을 하기 좋도록 입구가 넓고 두꺼운 유리컵을 사용한다.

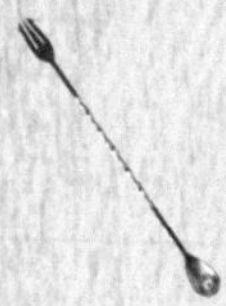

3. 바스푼

음료를 저을 때 필요한 길고 가느다란 스푼. 전문가용은 한쪽은 작은 스푼, 반대쪽은 포크로 되어 있어 설탕 등 소량의 재료를 재거나 가니쉬를 띄울 때 사용한다. 가정에서는 길이가 긴 스푼만으로도 충분하다.

4. 칵테일 머들러

과일이나 허브를 짓이겨서 즙을 낼 때 필요한 도구. 주방용 방망이로도 대체 가능하다.

5. 스트레이너

혼합한 칵테일을 따를 때 사용하는 여과기로 얼음 없이 만들어지는 스트레이트 업 칵테일을 만들 때 사용한다. 거름망이 있다면 그것으로 대체할 수 있다.

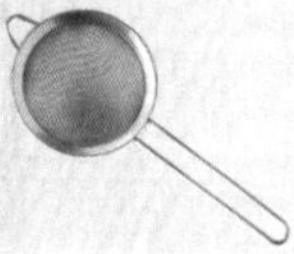

6. 거름망

과육을 거르는 등 스트레이트너와 사용범위가 비슷하다. 에스프레소나 스팀밀크의 거품을 더 부드럽게 걸러주는 역할도 한다.

7. 스퀴즈

레몬, 라임, 오렌지 등의 즙을 짤 때 쓴다.

칵테일 도구와 재료 구입처 : 칵테일 도구는 남대문 수입상가나 리쿼스토어 바이홈, 베이스와 리큐어 등의 재료는 대형마트나 남대문 주류상가에서 구입한다.

기본 글라스

칵테일은 어떤 잔에 따라 마시는가도 중요하다. 칵테일 특성에 가장 잘 맞는 크기의 잔일 때 최고의 맛과 향을 느낄 수 있다. 집안 곳곳을 뒤져 아래 그림과 비슷한 글라스를 찾아보자. 크기와 넓이만 닮았다면 OK.

샷 잔 *shot glass*

위스키 잔이라고도 불리며 30~60㎖ 정도의 작은 잔이다. 아무것도 첨가하지 않은 술을 스트레이트로 마실 때 사용한다.

더블 샷 잔 *double shot glass*

샷 잔에서 높이만 두 배가 되는 깊은 잔. 스트레이트로 마실 때 사용한다.

마가리타 잔 *margarita glass*

가장자리가 넓고 아래쪽으로 갈수록 좁아지는 잔. 가장자리에 소금이나 설탕을 리밍하는 칵테일에 많이 쓴다.

마티니 잔 *martini glass*

칵테일하면 떠오르는 잔으로 '칵테일 잔'이라고 불린다. 소량의 칵테일을 마실 때 사용한다. 술잔을 많이 기울이지 않아도 남은 술을 쉽게 마실 수 있으니 목을 꺾어가며 마시지 않아도 된다.

샴페인 잔 *champagne glass*

가느다란 잔으로 샴페인 기포가 예쁘게 올라온다. 가스가 잘 빠져나가지 않아 샴페인이나 탄산을 넣은 칵테일 잔으로 두루 쓰인다.

카린스 잔 *collins glass*

호리병처럼 생긴 잔으로 '피나 콜라다 잔(pina colada glass)'으로도 불리며 주스가 많이 들어간 펀치 칵테일에 주로 사용한다.

온더록 잔 *on the rock glass*

200~240㎖의 잔으로 얼음을 넣는 칵테일인 온더록을 마실 때 사용한다.

하이볼 잔 *highball glass*

'톨 글라스(tall galss)'라고도 하며 모히토나 탄산이 든 칵테일을 마실 때 주로 사용하는 큰 잔이다.

스니프터 잔 *snifter glass*

자루가 짧으며 잔 입구가 튤립 모양으로 오목해 안에 담긴 향을 모은다. 술 향기를 느끼기에 이상적인 잔. 브랜디 잔으로 많이 쓰인다.

TIP 1

내게 맞는 칵테일 찾기

1. 용량과 얼음에 따라서

· 숏 드링크: 기본주 단독 또는 과실즙 등을 혼합한 6온스(160㎖) 미만의 칵테일이다. 잔에 얼음이 없어 10~15분 정도 이내로 차가울 때 빨리 마셔야 최상의 맛을 즐길 수 있다.

· 롱 드링크: 기본주에 물, 탄산, 주스 등 여러 가지 재료를 섞어 만든다. 보통 8온스(240㎖) 이상인 칵테일을 말한다. 얼음이 있고 알코올 도수가 낮은 편. 만든 후 30분 정도까지 마셔도 괜찮다.

2. 맛에 따라서

· 스위트: 단맛이 강하고 보통 저알콜의 과일 칵테일이 많다.

· 사워: 신맛이 많이 나는 칵테일이다. 레몬이나 라임 주스가 많이 들어간다.

· 비터스: 쓴맛이 나는 칵테일이며 주로 식전주로 많이 마신다.

· 드라이: 알코올 도수가 강한 편이며 주로 마티니 종류가 많다.

3. 칵테일의 이름에 따라서

· 피즈: 탄산음료를 오픈할 때 새어 나오는 소리를 본 따 붙여진 이름이다. 진 또는 리큐어를 베이스로 설탕, 라임, 레몬 주스를 넣고 소다수로 잔을 채우는 칵테일이다.

· 사워: 사워란 시큼하다는 뜻. 위스키, 브랜디 등 각종 증류주를 베이스로 해 레몬 주스와 설탕, 시럽을 넣어 새콤달콤하게 맛을 내는 칵테일이다.

- 슬링: 피즈와 만드는 법이 비슷하지만 용량이 더 많은 편이다. 과일 리큐어를 첨가하여 맛을 부드럽게 하고 과일로 장식한다. 대표적인 칵테일로 '싱가포르 슬링'이 있다.
- 줄렙: 페르시아어로 쓴 약을 먹고 난 뒤 입가심을 위해 마시는 달콤한 음료를 뜻한다. 글라스에 민트 잎을 넣고 머들러로 눌러 향기가 배어 나오게 한 뒤 얼음, 위스키, 설탕, 시럽 등을 넣어 만든다.

TIP 2

칵테일의 맛을 제대로 내려면

1. 셰이킹 잘하기

셰이킹을 할 때에는 항상 셰이커를 두 손으로 잡는다. 한 손으로 잡고 흔들다가 손에서 빠지거나 내용물이 흐를 수 있으므로 주의한다. 얼음이 많이 녹지 않도록 단시간에 끝낸다.

2. 계량하기

칵테일은 정확한 계량을 통해 재료를 혼합하는 것이 생명. 칵테일을 따를 때에는 내용물이 흐르지 않도록 잔에 바짝 붙여 따른다.

3. 바스푼 사용하기

재료를 섞을 때 쓰는 나선형의 도구인 바스푼은 재빨리 회전하며 재료를 섞어준다. 바스푼을 쥘 때 중지와 약지 사이에 자루의 가운데를 가볍게 끼고, 엄지와 검지로 가볍게 저어준다.

4. 얼음 충분히 넣기

대부분의 칵테일에 꼭 필요한 것이 바로 얼음이다. 시원한 칵테일의 경우 잔은 칵테일을 따르기 전까지 시원하게 보관해둔다. 얼음이 많아 온도가 차가울수록 미세한 기포가 오래 유지되며 맛이 좋다.

5. 잔 다루기

칵테일 잔은 얼룩이 생기지 않도록 글라스 타월(마와 면 혼방)로 항상 청결하게 닦아 준다. 큰 글라스 타월로 잔 전체를 감싸고 닦아 지문이 남지 않도록 한다. 칵테일을 담아 낼 때에는 두 손가락으로 아랫부분을 잡아서 손이 잔에 닿는 부분을 최소화 한다.

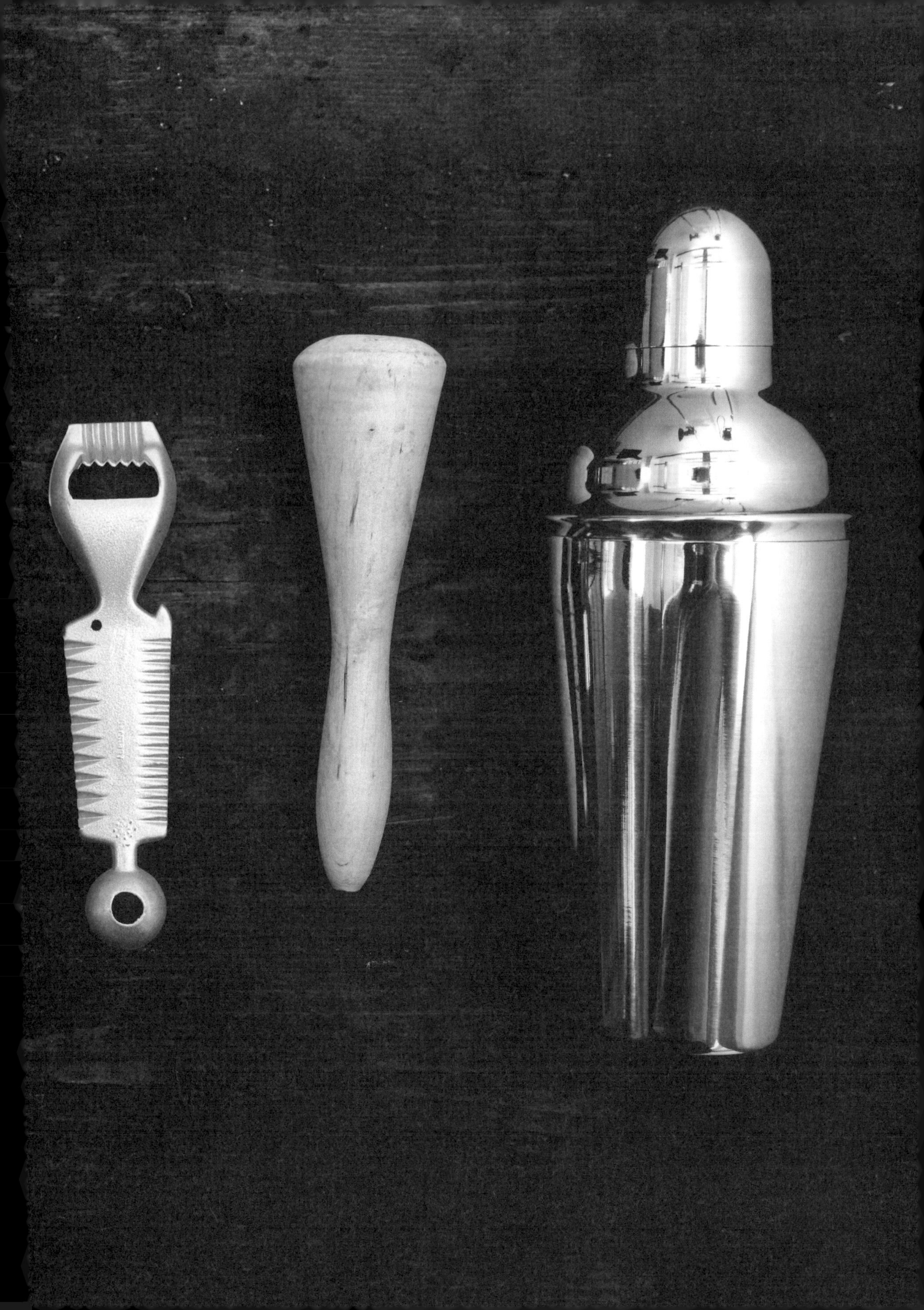

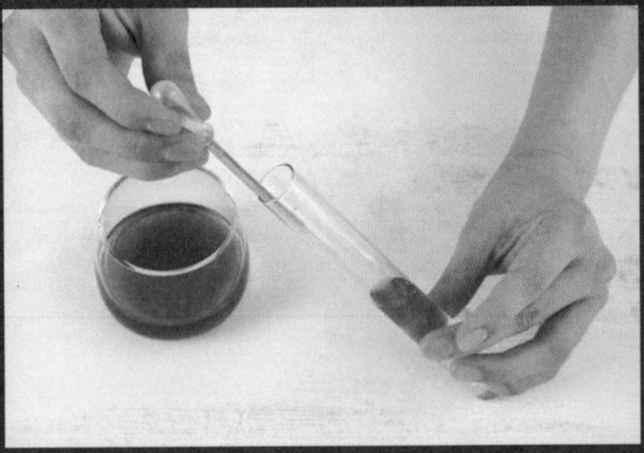

Part 1

베이식 칵테일

Basic cocktails

Highball glass

타입 | 롱 드링크
메인맛 | 사워
알코올 도수 | ★☆☆
추천 안주 | 카레빵

알코올 걱정 없이 향에 취하는

만다린 사워

- mandarin sour -

칵테일을 즐기고 싶지만 술 한 방울만 들어가도 민감하게 반응하는 체질이라면 시각, 후각으로 즐기는 칵테일을 마셔보자. 오렌지 향이 가득한 만다린 사워가 바로 그것. 취향에 맞게 보드카 양을 조절하면 부담 없이 즐길 수 있다.

Ingredient

❶ 만다린 보드카 45㎖
❷ 오렌지 비터스 2~3방울
❸ 오렌지 ½개
❹ 레몬 ½개
❺ 심플시럽 15㎖
❻ 스파클링 워터
❼ 각얼음

오렌지 비터스
앙고스트라 비터스에 오렌지 향을 첨가했다.

How to make

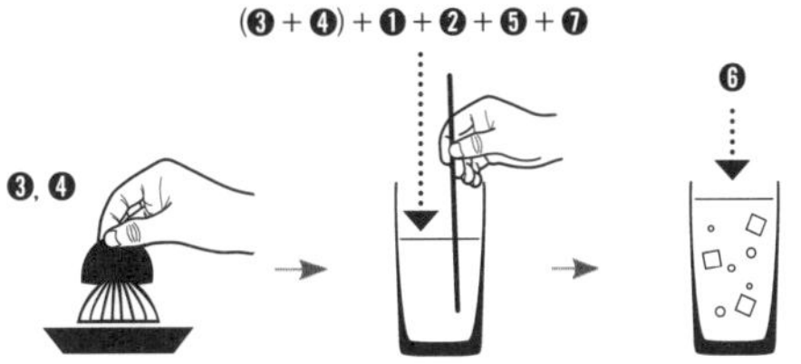

A: 오렌지는 슬라이스를 한 뒤 레몬과 오렌지의 즙을 내어 준비한다.
B: 하이볼 잔에 잘라놓은 오렌지 슬라이스와 Ⓐ의 즙을 넣는다.
C: 만다린 보드카와 오렌지 비터스, 심플시럽을 넣고 각얼음을 가득 채운 뒤 휘젓는다.
D: 스파클링 워터를 탑까지 채운다.

Tip

'~사워(sour)'가 붙은 칵테일은 레몬이 들어가 신맛이 강하다. 만다린 보드카 베이스를 미도리로 바꾸면 '미도리 사워', 버번위스키로 바꾸면 '위스키 사워'가 된다.

Margarita glass

타입 | 롱 드링크
메인맛 | 사워
알코올 도수 | ★★☆
추천 안주 | 퀘사디아

한 잔에 담긴 갖가지 맛

마가리타

- Margarita -

마가리타(마르가리타)는 1949년에 개최된 전미 칵테일 콘테스트 입선작으로 존 듀레서가 고안한 칵테일이다. 불행하게 죽은 그의 연인 '마르가리타'의 이름을 붙였다. 라임의 상큼함과 데킬라 본연의 향이 잘 어우러진다. 신맛, 단맛, 쓴맛, 짠맛까지 네 박자를 두루 갖춘 칵테일. 소화도 돕는 기특한 한 잔이다.

Ingredient

❶ 데킬라 45㎖
❷ 라임 ¾개
❸ 트리플섹 30㎖
❹ 심플시럽 10㎖
❺ 각얼음
❻ 소금

트리플섹
오렌지를 재료로 만든 리큐어. 오렌지 껍질을 담가 향기를 낸 술을 세 번 증류하여 만든다. 같은 오렌지 리큐어인 코인트로로 대체 가능하다.

How to make

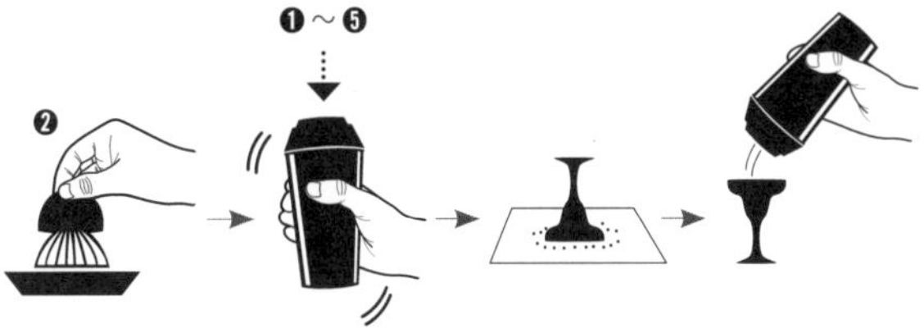

A: 라임 ½개를 즙을 내 셰이커에 담는다.
B: Ⓐ와 나머지 리큐어 재료를 모두 담고 흔든다.
C: 남은 라임으로 잔 가장자리를 빙 둘러 문지른 후 소금으로 리밍 한다.
D: 소금이 떨어지지 않도록 조심하며 잔에 Ⓑ를 담는다.
E: 라임 슬라이스를 장식한다.

Tip

잔에 얼음을 갈아 넣고 마셔도 좋다. 얼음 입자가 작을수록 빨리 녹아서 술이 희석되므로 진한 맛을 즐기고 싶다면 각얼음을, 청량감을 더 느끼고 싶다면 갈아 낸 얼음을 사용한다.

double shot glass

타입 | 숏 드링크
메인맛 | 스위트
알코올 도수 | ★★☆
추천 안주 | 말린 크랜베리

아련하게 퍼지는 그라데이션

디톡스

- Detox -

디톡스는 그라데이션이 예쁜 칵테일로 가운데의 선홍색이 잘 퍼져야 완성도가 있다. 강한 술이긴 하지만 크랜베리 주스와 피치 스냅스가 가미되어 마시기 편하다. 원샷으로 즐겨야 맛과 향이 더 좋고 보드카의 짜릿함, 크랜베리 주스의 신맛, 피치 스냅스의 달콤함을 차례로 느낄 수 있다.

Ingredient

❶ 피치 스냅스

❷ 크랜베리 주스

❸ 보드카

※위 재료를 각 1:1:1의 비율로 섞는다.

피치 스냅스

복숭아 리큐어로 '피치 트리' 브랜드를 주로 사용한다.

How to make

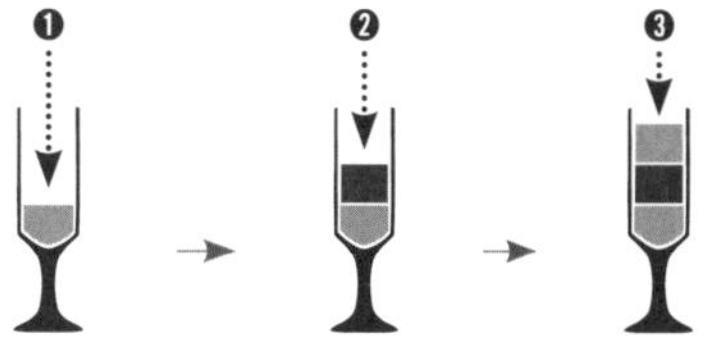

A: 각 재료를 작은 잔에 따로 따라둔다.

B: 더블 샷 잔에 ❶ → ❷ → ❸ 순으로 층을 쌓듯 따라넣는다.

Tip

기본적으로 더블 샷 잔을 쓰지만 왼쪽 사진처럼 길고 가느다란 잔으로 특별하게 연출해도 좋다. 레이어드 칵테일은 '띄운다'는 표현을 쓴다. 각 재료의 비중을 이용한 것으로 만들 때 서로 섞이지 않도록 조금씩 따른다. 디톡스 칵테일에서 더 강한 술맛을 느끼려면 크랜베리 주스 대신 포트와인을 사용하자.

Mojito glass / Highball glass

타입 | 롱 드링크
메인맛 | 스위트/사워
알코올 도수 | ★★☆
추천 안주 | 닭꼬치

수채화처럼 여린 드링크

라즈베리 모히토

- raspberry mojito -

클래식 모히토에 라즈베리의 풍미를 더한 칵테일. 일반 보드카 모히토보다 알코올 향이 옅고 부드럽다.

Ingredient

❶ 라즈베리 보드카 60㎖
❷ 라임 ¼개
❸ 라즈베리 6~8알
❹ 애플민트 9잎
❺ 스파클링 워터
❻ 백설탕 1스푼
❼ 갈아 낸 얼음

How to make

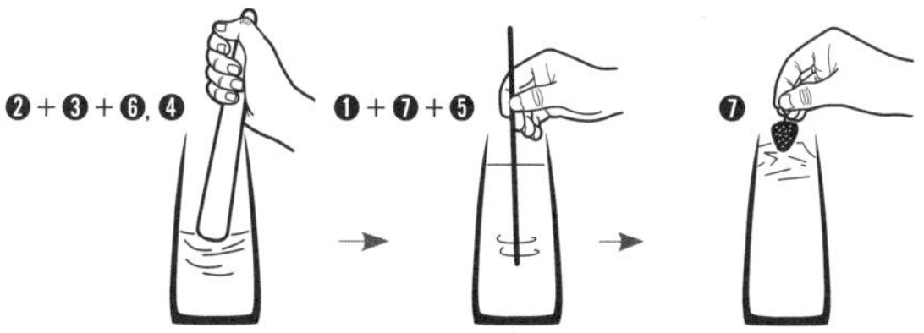

A: 모히토 잔에 라임과 라즈베리, 백설탕을 넣은 후 으깬다.
B: 애플민트를 넣고 살짝 으깬다.
C: 라즈베리 보드카를 넣고 얼음을 갈아 잔을 채운다.
D: 스파클링 워터를 넣고 가볍게 휘젓는다.
E: 얼음을 잘게 갈아서 다시 채우고 라즈베리와 민트로 장식한다.

Tip

민트는 너무 잘게 넣으면 텁텁하기 때문에 부서지지 않게 가볍게 으깬다. 생 라즈베리를 구하기 어려울 때에는 냉동 라즈베리나 라즈베리 퓨레, 라즈베리 잼 등으로 대체한다.

Martini glass

타입 | 숏 드링크
메인맛 | 스위트
알코올 도수 | ★☆☆
추천 안주 | 티라미스 케이크

QR코드를 찍으면
만들기 동영상

라즈베리 향에 물든

에스프레소 마티니

– Espresso Martini –

알코올이 들어 있어 19금 커피라고 불린다. 마티니를 베이스로 했지만 진한 에스프레소 향으로 마티니를 감싸 무척 부드럽다.

Ingredient

❶ 에스프레소 20㎖
❷ 라즈베리 보드카 45㎖
❸ 헤이즐넛 시럽 5㎖
❹ 심플시럽 10㎖
❺ 시나몬 스틱, 커피 원두

How to make

A: 준비한 리큐어 재료를 셰이커에 담는다.
B: 충분한 거품을 내기 위해 강하게 흔든다.
C: (스트레이너나 거름망을 이용해) 마티니 잔에 음료를 담는다.
D: 취향에 따라 시나몬 스틱을 갈아 올리고 커피 원두로 장식한다.

Tip

베이식한 보드카를 사용해도 좋지만 라즈베리 보드카를 사용하면 첫맛은 진한 에스프레소의 향, 끝맛은 달콤한 라즈베리의 향이 어우러져 더 매력적인 에스프레소 마티니가 된다. 에스프레소를 구하기 어려울 때에는 인스턴트 원두커피를 살짝 녹을 정도로만 진하게 타서 준비한다.

Martini glass

타입 | 숏 드링크
메인맛 | 드라이
알코올 도수 | ★★★
추천 안주 | 카나페

도시여자를 위한

맨하탄

- manhattan -

'칵테일의 왕'이 마티니라면 '여왕'은 맨하탄이다. 뉴욕주 맨하탄은 과거 원주민 소유지역이었는데, 그들의 추장이 술에 취해 토지를 팔아 버려서 '맨하탄(술주정뱅이)'이라는 이름이 붙었다. 미국 제19대 대통령 선거 당시, 처칠 수상의 어머니인 제니 제롬 여사가 맨하탄 지역 응원연설에 내놓은 칵테일로 유명하다.

Ingredient

❶ 버번위스키 60㎖
❷ 스위트 버무스 10㎖
❸ 앙고스트라 비터스 2~3방울
❹ 얼음 약간
❺ 체리 1개

버번위스키
켄터키주 버번지방에서 옥수수를 주원료로 증류한 위스키.

앙고스트라 비터스
쓴맛이 나는 약재로 만든 술. 칵테일에 향을 내는 데 극소량 사용한다.

How to make

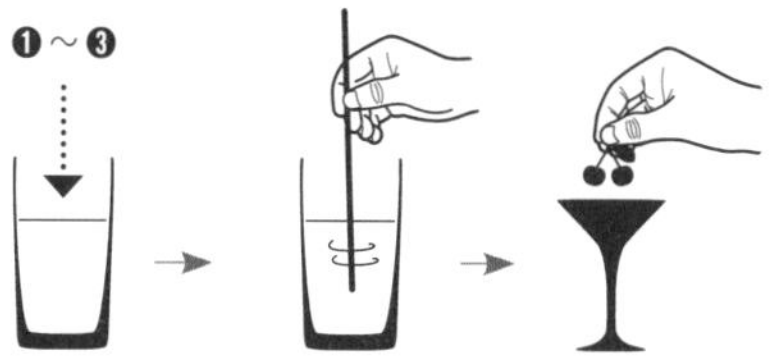

A: 믹싱 글라스에 리큐어 재료를 모두 넣는다.
B: 얼음을 조금 넣고 녹을 때까지 휘젓는다.
C: 마티니 잔에 담고 체리로 장식한다.

Tip

※ '칵테일의 여왕'이지만 굉장히 독한 술이다.
※ 체리 가니쉬 만드는 방법 : 과도로 아래 그림과 같이 V자로 잘라낸다.

Collins glass

타입 | 롱 드링크
메인맛 | 스위트
알코올 도수 | ★☆☆
추천 안주 | 시금치 샐러드

코코넛과 파인애플의 커넥션

피나콜라다

- Pinacolada -

휴양지 분위기가 물씬 나는 칵테일. 피나콜라다는 코코넛크림과 파인애플의 조합이 좋은 칵테일이다. 탄산이 없고 코코넛 크림이 들어있기 때문에 더욱 부드럽고 취향에 따라 알코올을 넣지 않아도 맛이 좋다.

Ingredient

❶ 럼 45㎖
❷ 코코넛 크림 45㎖
❸ 오렌지 주스 20㎖
❹ 파인애플 주스 20㎖
❺ 라임 주스 10㎖
❻ 각얼음
❼ 파인애플 1조각

코코넛 크림
동남아 요리에 우유 대신 자주 사용된다. 코코넛 밀크에 당이 첨가되어 부드러우면서 달콤한 맛을 낸다.

How to make

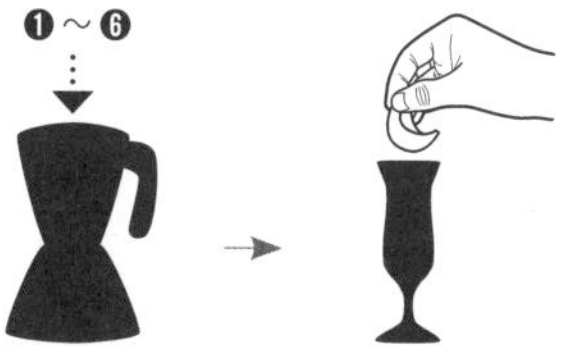

A: 블렌더에 재료와 각얼음 8~10개를 넣고 갈아준다.
B: 카린스 잔에 옮겨 담는다.
C: 파인애플 조각으로 장식한다.

Tip

논알콜의 골든 메달리스트로 즐기려면 럼을 빼고 딸기와 바나나를 넣고 블렌더에 갈면 된다. 보통 호리병처럼 생긴 카린스 잔을 쓰지만 사진처럼 코코넛 껍데기 안에 장식해도 좋다.

Highball glass

타입 | 롱 드링크
메인맛 | 스위트
알코올 도수 | ★★☆
추천 안주 | 샌드위치

QR코드를 찍으면
만들기 동영상

색다르게 즐기는 오렌지

보드카 오렌지

– Vodka orange –

오렌지 향에 청량감이 더해진 칵테일. 일반적인 보드카 오렌지는 오렌지 주스에 보드카를 섞지만 이 레시피에서는 과감하게 오렌지 주스를 빼고 생과즙을 넣어 신선함을 살렸다.

Ingredient

❶ 보드카 45㎖
❷ 코인트로 45㎖
❸ 오렌지 ½개
❹ 황설탕 1스푼
❺ 스파클링 워터
❻ 각얼음

How to make

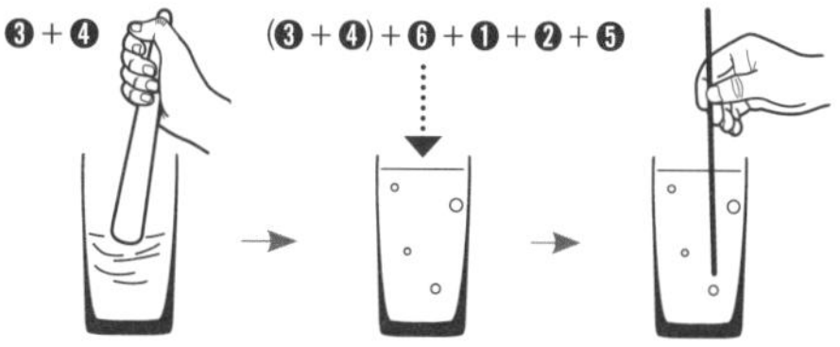

A: 가니쉬로 쓸 오렌지 껍질을 길게 벗겨내 준비한다.
B: 오렌지 ½개를 자른 것과 황설탕을 하이볼 잔에 넣고 으깬다.
C: 잔에 각얼음을 채운 후 보드카와 코인트로, 스파클링 워터를 넣고 가볍게 휘젓는다.
D: 오렌지 슬라이스가 컵 표면에서 잘 보이도록 장식한다.

Tip

위의 레시피에서 코인트로를 넣지 않고 보드카 90㎖로 만들어도 좋다. 생과일 오렌지를 사용하지 않고 오렌지 주스를 20㎖ 넣으면 '스크루 드라이버' 사과즙을 넣으면 '빅애플', 레모네이드를 넣으면 '보드카 콜린스'가 된다.

Copper Mug glass

타입 | 롱 드링크
메인맛 | 스위트
알코올 도수 | ★★☆
추천 안주 |
샤실릭(러시아 음식)

구리 잔에 담긴 시원함

모스코뮬

- Moscow mule -

생강과 보드카가 잘 어우러진 러시아 칵테일이다. 진저에일을 넣어 달콤하고 마시기 편하다.

Ingredient

❶ 보드카 45㎖

❷ 라임 ½개

❸ 진저에일 10㎖

❹ 갈아 낸 얼음

진저에일

진저비어(ginger beer)라고도 한다. 알코올 성분이 없는 청량음료로, 그냥 마시거나 칵테일에 자주 쓰인다. 생강에 레몬, 고추, 시나몬, 정향 등의 향신료를 섞어 캐러멜로 착색했다.

How to make

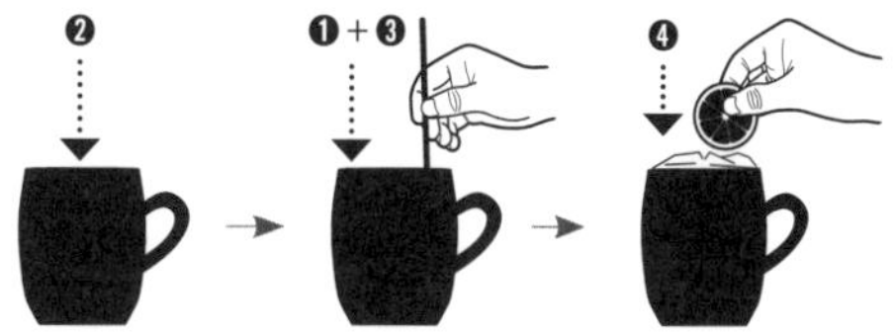

A: 잔에 라임즙을 짜 넣는다.

B: 보드카와 진저에일을 차례로 붓고 휘젓는다.

C: 얼음을 갈아 얹고 라임이나 얇게 저민 생강, 민트 잎을 장식한다.

Tip

모스코뮬은 일반적으로 구리로 만든 머그잔(카퍼 머그)을 사용하지만 차게 식힌 유리 머그잔을 사용해도 좋다.

On the rock / Highball glass

타입 | 롱 드링크
메인맛 | 비터
알코올 도수 | ★★☆
추천 안주 | 견과류

온더록 칵테일의 대표주자

위스키 콕

- Whisky coke -

위스키와 콜라의 밸런스가 좋은 칵테일. 바에서는 잭다니엘 위스키를 넣은 '잭콕'으로 익숙하다.

Ingredient

❶ 위스키 45㎖
❷ 콜라 10㎖
❸ 라임 ⅙개
❹ 각얼음

How to make

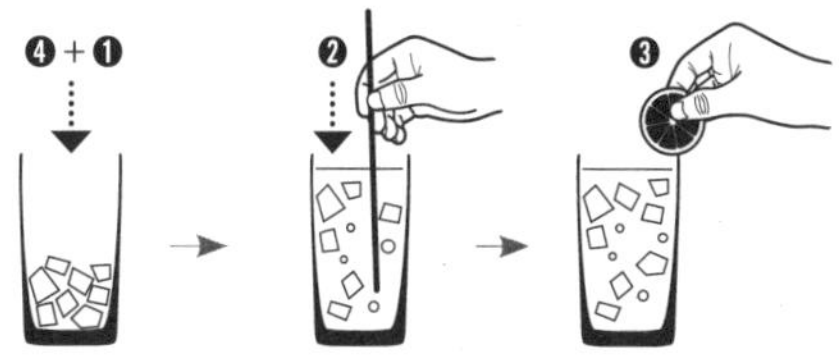

A: 잔에 각얼음을 담은 후 위스키를 넣고 콜라를 탑으로 채운 뒤 살짝 휘젓는다.

B: 라임 한 조각을 짜 넣는다.

Tip

각얼음 대신 크기가 큰 볼얼음을 사용하면 얼음이 천천히 녹아 진한 맛을 오래 즐길 수 있다.

Martini glass

타입 | 숏 드링크
메인맛 | 스위트
알코올 도수 | ★★☆
추천 안주 | 짭짤한 비스킷

우린 제법 잘 어울리는

라테 마티니

- Latte martini -

보드카와 에스프레소의 달콤한 만남. 바닐라 보드카를 베이스로 하면 부드럽고, 드라이 보드카를 쓰면 산뜻한 맛을 즐길 수 있다.

Ingredient

❶ 바닐라 보드카 45㎖
❷ 에스프레소 10㎖
❸ 우유 25㎖
❹ 심플시럽 15㎖
❺ 초콜릿 소스

How to make

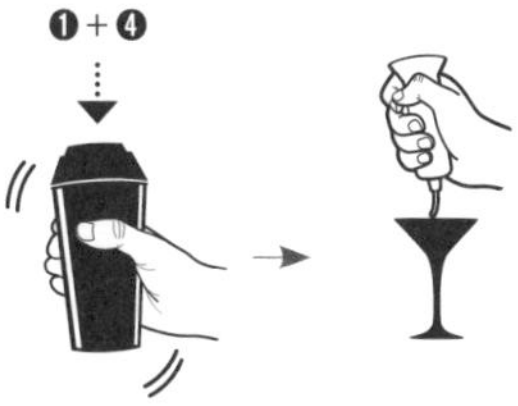

A: 셰이커에 재료를 넣는다.
B: 거품이 충분히 생길 수 있도록 강하게 흔든다.
C: 거름망을 이용해 마티니 잔에 담는다.
D: 초콜릿 소스로 장식한다.

Tip

초콜릿 소스로 라테 마티니 장식하기(응용도 가능)

❶ 거품 위에 소스로 원을 3개 그린다.
❷ 중앙을 기점으로 안쪽에서 바깥쪽을 향해 이쑤시개로 수직으로 긋는다.
❸ 바깥쪽으로 그은 선 사이로 안쪽을 향해 긋는다.

Martini glass

타입 | 숏 드링크
메인맛 | 스위트
알코올 도수 | ★★☆
추천 안주 | 복숭아

QR코드를 찍으면
만들기 동영상

마신 다음 날 또 생각나는

로즈마리 가미카제

- Rosemary Kamikaze -

로즈마리의 향이 은은하게 풍기는 보드카 베이스 칵테일. 마티니를 좋아하는 사람이라면 이 칵테일에도 빠져들 것이다.

Ingredient

❶ 시트러스 보드카 45mℓ
❷ 코인트로 or 트리플섹 15mℓ
❸ 로즈마리 5잎
❹ 심플시럽 10mℓ(혹은 황설탕 1티스푼)
❺ 라임 ½개
❻ 각얼음

How to make

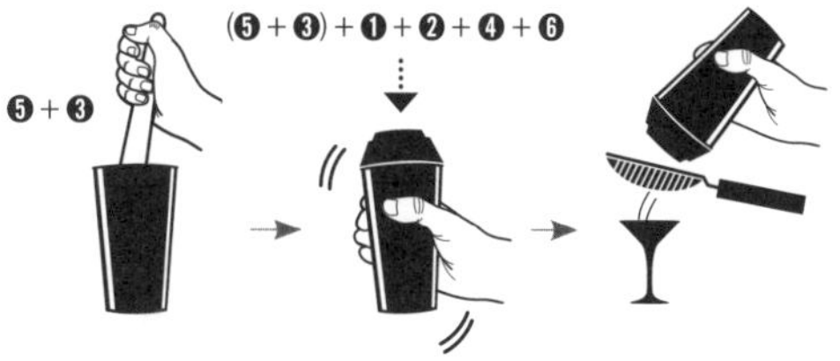

A: 믹싱 글라스에 라임즙을 짜 넣고 로즈마리를 살짝 으깬다.
B: 나머지 재료와 각얼음 2~3개를 넣고 흔든다.
C: 거름망을 이용해 마티니 잔에 담아낸다.
D: 취향에 따라 로즈마리나 라임 슬라이스, 카시스 열매로 장식한다.

Tip

가미카제 칵테일은 태평양 전쟁 때 미국에서 탄생했다. 심플한 보드카 45mℓ, 트리플섹 15mℓ, 라임 ½개의 세 가지 재료만 사용하면 일반적인 '가미카제' 칵테일이 완성된다.

Part 2

시즌 칵테일

Season cocktails

Highball glass

타입 | 롱 드링크
메인맛 | 스위트
알코올 도수 | ★☆☆
추천 안주 | 치즈스틱

봄날 유자차 대신

유자 칵테일

- Yuzu cocktail -

유자는 겉모습만 봐서는 맛이 없을 것 같지만 알맹이는 매력적인 반전의 열매다. 유자의 달콤함이 럼과 만나면 그 시너지는 아주 뛰어나다. 유자를 싫어하는 사람들까지도 예찬론자로 만들 칵테일이다.

Ingredient

❶ 유자 1개
❷ 럼 45㎖
❸ 바닐라 보드카 15㎖
❹ 트리플섹 15㎖
❺ 심플시럽 15㎖
❻ 스파클링 워터
❼ 각얼음

How to make

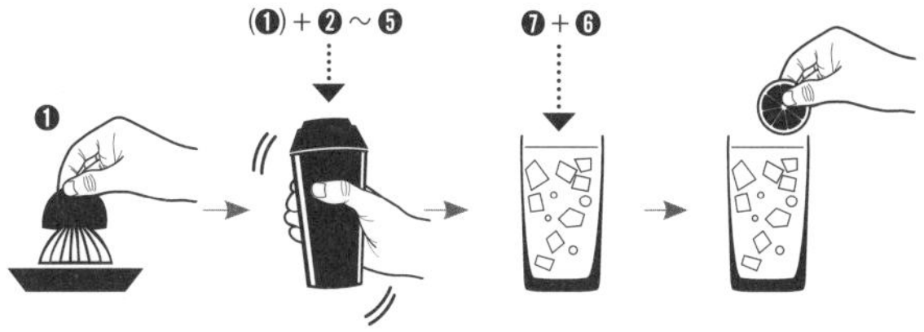

A: 셰이커에 유자 하나를 모두 짜 넣고 다른 리큐어 재료들과 함께 흔든다.

B: 온더록이나 하이볼 잔에 각얼음과 함께 담은 후 스파클링 워터를 가득 채운다.

C: 유자 슬라이스로 장식한다.

Highball glass

타입 | 롱 드링크
메인맛 | 스위트
알코올 도수 | ★★☆
추천 안주 | 솔트 팝콘

QR코드를 찍으면
만들기 동영상

Spring

봄의 불청객 황사가 심한 날

핌스 컵

– Pimms cup –

시원한 오이 향이 답답한 속을 풀어주는 핌스 컵. 목이 칼칼하고 시원한 맥주가 생각나는 날 추천한다. 진 특유의 깔끔함이 입안을 시원하게 씻어주기 때문에 식후에 한 잔 하는 것도 좋다.

Ingredient

❶ 진 45mℓ
❷ 레몬 ½개
❸ 심플시럽 10mℓ
❹ 오이 슬라이스 4~5조각
❺ 진저에일 45mℓ
❻ 각얼음

How to make

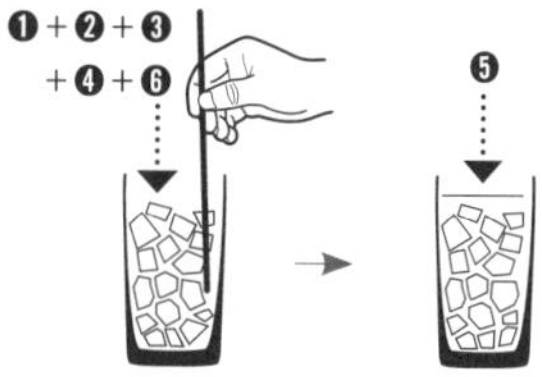

A: 레몬은 즙을 짠다.
B: 각얼음을 가득 담은 하이볼 잔에 준비한 재료를 넣은 후 휘젓는다.
C: 진저에일을 가득 채운다.

Tip

핌스 컵은 영국의 화채와도 같은 '핌스' 칵테일을 살짝 바꿔본 것이다. '핌스'는 핌스 리큐어에 진저에일과 갖가지 과일을 넣은 것으로 과거 영국인들이 가든파티나 윔블던 경기를 볼 때 마셨던 중산층의 음료였다. 현재는 모든 영국인이 즐기는 대중적인 칵테일이다.

Highball glass

타입 | 롱 드링크
메인맛 | 사워
알코올 도수 | ★☆☆
추천 안주 | 에그 샌드위치

4월의 딸기 맛

스트로베리 바질 레모네이드

- Strawberry basil lemonade -

딸기와 바질로 심플한 레모네이드를 업그레이드했다. 바질의 풀잎 향이 시원함을 더한다.

Ingredient

❶ 보드카 45㎖
❷ 딸기 7~8개
❸ 레몬 ½개
❹ 황설탕 1티스푼
❺ 바질 5잎
❻ 스파클링 워터
❼ 각얼음
❽ 레몬그라스

How to make

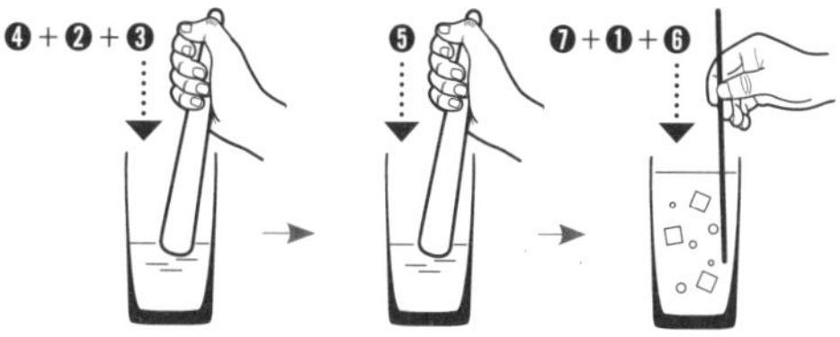

A: 하이볼 잔에 황설탕과 꼭지를 딴 딸기를 으깬 후 레몬즙을 짜 넣는다.

B: 바질을 넣고 향이 은은히 날 수 있도록 살짝 으깬다.

C: 각얼음을 가득 넣고 보드카를 넣은 후 스파클링 워터를 탑으로 채워 가볍게 휘젓는다.

D: 취향에 따라 얼음을 더 갈아 얹거나 레몬그라스로 장식한다.

Tip

스파클링 워터, 사이다 등 탄산음료를 넣을 경우 많이 저으면 탄산이 빠지기 때문에 모든 재료를 섞은 뒤 탑으로 채우고 가볍게 휘젓는다.

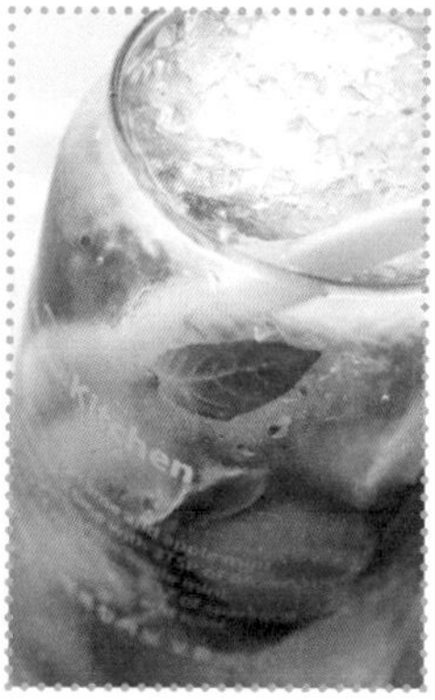

Mojito glass / Highball glass

타입 | 롱 드링크
메인맛 | 사워
알코올 도수 | ★★☆
추천 안주 | 칠리소스 나초

QR코드를 찍으면
만들기 동영상

Summer

여름 하면

모히토

– Mojito –

'적시다'라는 뜻의 모히토는 한여름에 체온을 1도 낮춰주는 대표적인 쿨링 칵테일이다.

Ingredient

❶ 보드카 60㎖
❷ 라임 ½개
❸ 애플민트 9잎
❹ 황설탕 1티스푼
❺ 스파클링 워터
❻ 갈아 낸 얼음

How to make

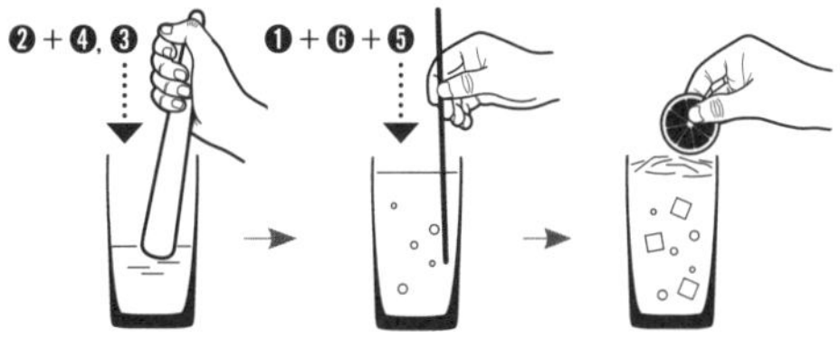

A: 하이볼 잔에 라임과 황설탕을 넣고 으깬다.
B: 애플민트를 넣고 살짝 으깬다.
C: 보드카를 넣고 얼음을 갈아 탑으로 채운다.
D: 스파클링 워터를 탑으로 채우고 가볍게 휘젓는다.
E: 다시 얼음을 갈아 채우고 라임 슬라이스와 민트로 장식한다.

Tip

모히토는 향이 없는 베이스로 만들기 때문에 보드카 이외에 바카디와 같은 화이트 럼으로도 만든다. 민트와 얼음의 양은 기호에 맞게 조절한다. 민트가 너무 잘게 부서지면 텁텁한 맛이 많이 나서 살살 으깬다.

Martini glass

타입 | 숏 드링크
메인맛 | 스위트
알코올 도수 | ★★☆
추천 안주 | 레몬캔디

QR코드를 찍으면
만들기 동영상

Summer

여름 제철과일 자두로 만든

플럼 마티니

- Plum martini -

플럼 마티니는 새로운 기법의 마티니다. 마티니는 항상 깔끔하고 맑아야 한다는 고정관념이 있는데 이런 상식을 깬 것. 자두를 믹서에 갈아서 그대로 넣었기 때문에 씹히는 맛이 일품이다.

Ingredient

❶ 보드카 45㎖
❷ 자두 1개
❸ 심플시럽 15㎖(혹은 황설탕 2티스푼)
❹ 각얼음

How to make

A: 블렌더에 씨를 뺀 자두와 심플시럽, 각얼음 하나를 넣고 갈아준다.
B: 믹싱 글라스에 Ⓐ와 보드카를 넣고 흔든다.
C: 마티니 잔에 그대로 담아낸 후 자두 슬라이스로 장식한다.

On the rock glass

타입 | 롱 드링크
메인맛 | 사워
알코올 도수 | ★★☆
추천 안주 | 청포도

Summer

말복에 마시는

스매쉬드 그레이프

- Smashed grape -

입맛 없고 더운 여름. 냉면을 먹어도, 삼계탕을 먹어도 그때뿐이고 기운 없이 축 처지는 어깨를 어찌할 도리가 없다. 이럴 때에는 고칼로리 보양식이 필요한 것이 아니라 사라진 입맛을 되돌릴 무언가가 필요하다. 신선한 청포도와 바질이 입맛을 살려주는 칵테일이다.

Ingredient

❶ 청포도 12알
❷ 바질 5~6잎
❸ 시락 보드카 45㎖
❹ 꿀 2티스푼
❺ 레몬 ⅛개
❻ 스파클링 워터
❼ 갈아 낸 얼음

시락 보드카
프랑스 프리미엄 보드카 제품 중 하나. 포도로 만들어 알코올의 단맛이 부드러운 것이 특징.

How to make

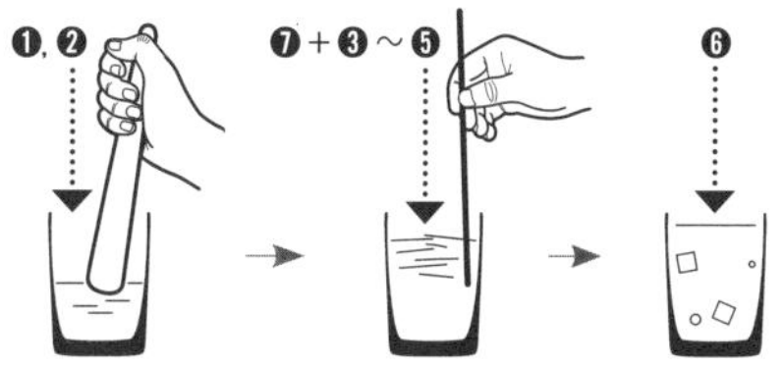

A: 온더록 잔에 청포도를 으깬 후 바질을 넣고 살짝 으깬다.
B: 얼음을 갈아 채우고 나머지 재료를 넣고 잘 저어준다.
C: 스파클링 워터를 가득 채운다.

Tip

시락 보드카 대신 기본 보드카를 사용하면 더 강한 술맛을 느낄 수 있다.

Champagne glass

타입 | 롱 드링크
메인맛 | 사워
알코올 도수 | ★★☆
추천 안주 | 과일

Summer

얼린 청포도의 청량감

그레이프 피즈

- Grape Fizz -

이 칵테일은 밋밋하게 보일 수도 있지만 냉동 청포도 가니쉬가 화룡정점이다. 눈으로만 봐도 시원함이 느껴지는 그레이프 피즈. 칵테일 한 모금과 차가운 청포도가 한여름 무더위를 날려줄 것이다.

Ingredient

❶ 시락 보드카 60㎖
❷ 화이트 그레이프 주스 20㎖
❸ 스파클링 워터 20㎖
❹ 얼린 청포도 10알

How to make

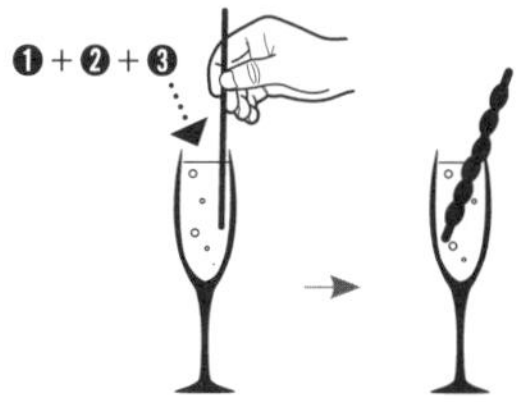

A: 청포도 10알 정도를 냉동실에 살짝 얼려 준비해둔다.
B: 샴페인 잔에 재료들을 넣고 잘 저어준다.
C: 얼려둔 청포도를 스트로우에 꽂아 장식한다.

Tip

'피즈(fizz)'란 탄산음료의 뚜껑을 열 때 생기는 소리로 거품이 이는 칵테일을 뜻한다. 재료를 모두 섞은 후 맨 마지막에 스파클링 워터 등의 탄산음료를 넣는다. 진(gin)을 베이스로 레몬 주스, 소다, 설탕을 넣어 만든 '진 피즈(gin fizz)'가 대표적이다.

Margarita glass

타입 | 롱 드링크
메인맛 | 스위트
알코올 도수 | ★★☆
추천 안주 |
발사믹 소스 샐러드

열대과일의 달콤함이 가득

Summer

망고 마가리타

– Mango margarita –

열대과일이 '대세'라고 할 정도로 망고가 접하기 쉬운 과일이 됐다. 무더운 여름, 동남아가 아닌 집에서 망고 마가리타로 더위를 식혀보자. 마음만은 휴양지에 가 있다고 최면을 걸면서.

Ingredient

❶ 데킬라 45㎖
❷ 트리플섹 15㎖
❸ 망고 시럽 10㎖
❹ 라임 주스 10㎖
❺ 각얼음
❻ 망고 ½개

How to make

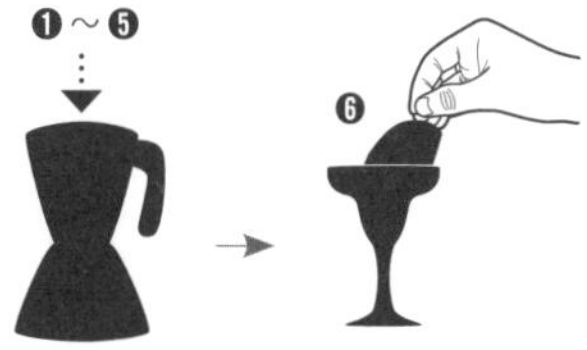

A: 블렌더에 준비한 재료들을 넣고 각얼음 8~10개와 함께 갈아준다.

B: 마가리타 잔에 잘 담아낸 후 망고로 장식한다.

Tip

망고 마가리타는 잔 가장자리에 소금으로 리밍 해서 마셔도 좋다. 스무디 식감의 프로즌 칵테일은 냉장고에서 잔을 식힌 후 칵테일을 담으면 더욱 시원하게 즐길 수 있다.

Collins glass

타입 | 롱 드링크
메인맛 | 스위트
알코올 도수 | ★☆☆
추천 안주 | 열대과일

하와이안 레시피

블루 하와이

- Blue hawaii -

하와이 바다를 따서 지은 블루 하와이는 무더운 여름, 비치에서 마시기 좋은 칵테일이다. 파인애플 주스 대신 스파클링 워터를 넣어서 더 깔끔하다.

Ingredient

❶ 럼 45㎖
❷ 레몬 ½개
❸ 코인트로 15㎖
❹ 블루큐라소 시럽 10㎖
❺ 스파클링 워터
❻ 각얼음
❼ 파인애플 2~3조각

블루큐라소 시럽
오렌지 껍질에 설탕을 가미한 시럽으로 트리플섹이나 코인트로가 들어가는 데에 대체 재료로 쓸 수 있다. 레모네이드에 살짝 넣으면 블루 레모네이드가 된다.

How to make

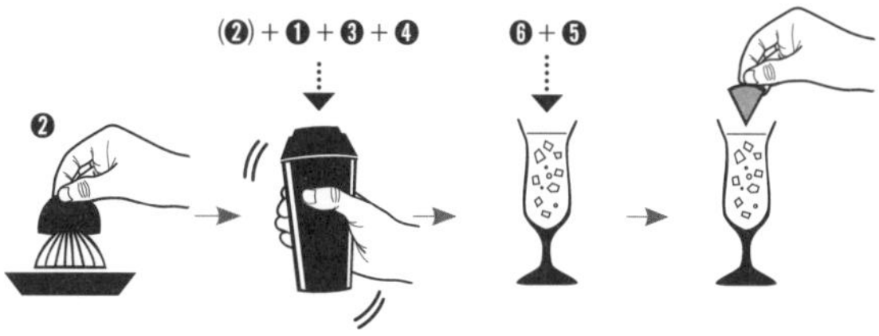

A: 셰이커에 레몬 ½개를 짜고 럼과 코인트로, 블루큐라소 시럽을 넣고 흔든다.
B: 카린스 잔에 각얼음과 함께 담아낸 후 스파클링 워터를 가득 채운다.
C: 파인애플 조각으로 장식한다.

Martini glass

타입 | 숏 드링크
메인맛 | 스위트
알코올 도수 | ★★☆
추천 안주 | 멜론

Summer

달콤함이 두 배

멜론 마티니

– Melon martini –

에메랄드 색을 띈 풍부한 멜론 과즙의 칵테일. 멜론맛 리큐어인 미도리와 생과일 멜론이 합쳐져 달콤한 상승작용을 한다.

Ingredient

❶ 멜론 1/12개
❷ 보드카 45㎖
❸ 미도리 30㎖
❹ 심플시럽 10㎖
❺ 레몬 1/8개

How to make

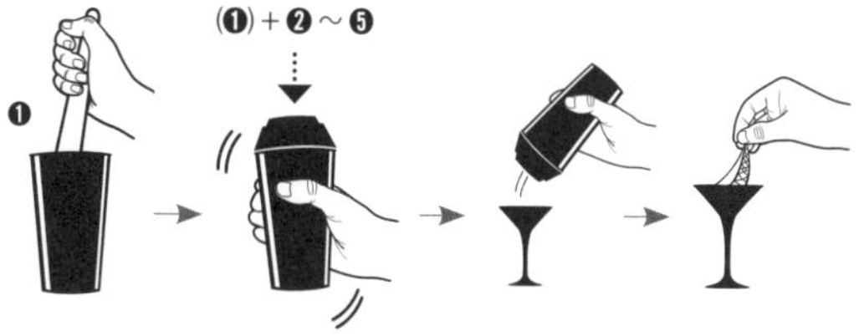

A: 믹싱 글라스에 멜론 껍질과 속을 제거하고 멜론을 으깬다.
B: 뚜껑을 닫은 후 나머지 재료들을 넣고 흔든다.
C: 스트레이트너를 이용해 마티니 잔에 담고 멜론 껍질로 장식한다.

Martini glass

타입 | 숏 드링크
메인맛 | 사워
알코올 도수 | ★★☆
추천 안주 | 김, 건어물

QR코드를 찍으면
만들기 동영상

Autumn

초가을 초록사과

애플 마티니

- Apple martini -

상큼한 사과 향을 한입 가득 느낄 수 있는 칵테일이다. 심플시럽이 아닌 그린애플 시럽을 사용하는 게 맛의 포인트다.

Ingredient

❶ 애플 보드카 45㎖
❷ 사과 1/12개
❸ 레몬 1/12개
❹ 애플 스냅스 45㎖
❺ 그린애플 시럽 10㎖

그린애플 시럽
초록사과의 향을 담은 산뜻한 연둣빛 시럽. 애플에이드를 만들 때도 사용한다.

애플 스냅스
원산지는 독일로 알코올 도수가 높은 과실 리큐어. 애플 외에 피치, 바나나, 딸기, 망고, 무화과 등 다양하다.

How to make

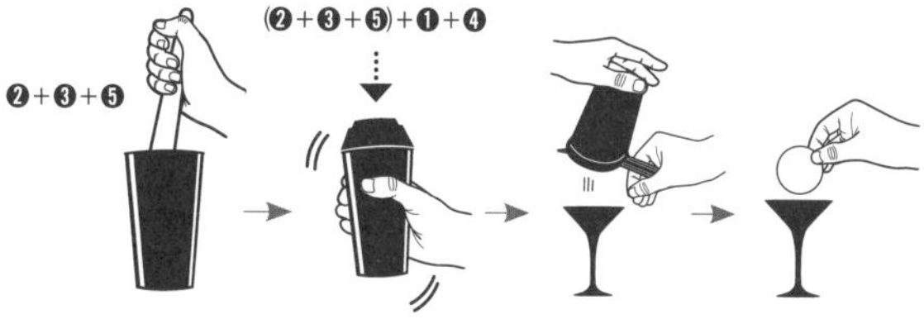

A: 사과, 레몬즙, 그린애플 시럽을 믹싱 글라스에 담고 으깬다.
B: 나머지 리큐어를 넣고 흔든다.
C: 스트레이너를 이용해 마티니 잔에 음료를 담는다.
D: 미니 애플이나 사과 슬라이스로 장식한다.

Tip

취향에 따라 사과와 레몬 양을 조절한다. 애플 스냅스를 빼고 애플 보드카만으로 심플하게 즐겨도 좋다.

Martini glass

타입 | 숏 드링크
메인맛 | 스위트
알코올 도수 | ★★☆
추천 안주 | 올리브

Autumn

가을에 수확해 마시는

페어 마티니

– Pear martini –

과즙이 풍부하고 시원 달콤해서 배를 먹을 때면 언제나 기분이 좋아진다. '갈아 만든 배'가 아닌 '흔들어 만든' 페어 마티니를 소개한다. 한입 가득 배 향기를 느낄 수 있는 특별한 칵테일이다.

Ingredient

❶ 바닐라 보드카 45㎖
❷ 배 $\frac{1}{4}$개
❸ 꿀 2티스푼
❹ 레몬 $\frac{1}{12}$개
❺ 물 15㎖
❻ 체리 1개
❼ 시나몬 가루 약간

How to make

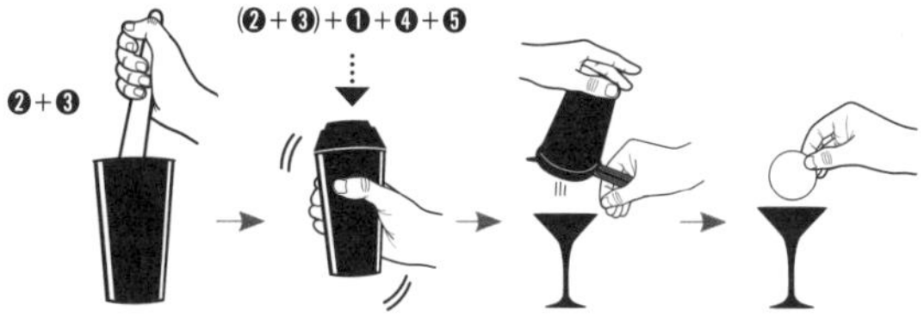

A: 믹싱 글라스에 배와 꿀을 넣고 으깬 후 바닐라 보드카, 레몬즙, 물을 넣고 흔든다.
B: 마티니 잔에 체리를 넣고 음료를 담아낸다.
C: 시나몬 가루를 뿌리고 배를 슬라이스 해 장식한다.

Tip

칵테일의 왕으로 불리는 마티니. 마티니는 1860년경에 미국 바텐더 제리 토머스가 만들어낸 칵테일이라고 전해진다. 진이나 보드카에 버무스를 섞은 후 녹색 올리브로 장식한 무색의 칵테일이다. 주로 식전에 마시며 생선 요리와 잘 어울린다. 향긋하면서도 단순한 쓴맛이 특징으로 '페어 마티니'나 '라테 마티니' 등으로 레시피 변형이 자유롭다.

Irish coffee glass

타입 | 롱 드링크
메인맛 | 비터
알코올 도수 | ★☆☆
추천 안주 | 비스킷

찬바람 불어올 때

아이리시 커피

- Irish coffee -

아이리시 커피는 커피와 위스키의 향을 같이 맛볼 수 있는 따뜻한 칵테일이다. 커피의 진한 향이 살아 있고 부드러운 크림 속에 위스키가 들어 있어 속을 따뜻하게 데워 준다. 그냥 마셔도 좋지만 백설탕을 리밍 한 잔에 마신다면 달콤한 감칠맛이 추가된다.

Ingredient

❶ 아이리시 위스키 20㎖
❷ 에스프레소 20㎖
❸ 우유 100㎖
❹ 뜨거운 물 10㎖
❺ 설탕

아이리시 위스키
엿기름이나 보리, 밀을 주원료로 만든 아일랜드산 위스키. 아이리시 위스키는 향이 깨끗하고 맛이 부드러운데 스트레이트로 마셔도 되지만 주로 얼음, 물, 스파클링 워터 등과 섞어 마신다.

How to make

A: 손가락을 이용해 위스키를 잔 가장자리를 빙 둘러 문지르고 설탕을 리밍 한다(과정을 생략해도 됨).
B: 잔에 뜨거운 물을 $\frac{1}{5}$가량 넣고 위스키와 에스프레소를 넣고 젓는다.
C: 거품기로 우유를 거품 내서 그 위에 올린다.

Tip

커피의 농도는 뜨거운 물의 양으로 조절한다. 취향에 따라 시나몬 가루를 첨가하거나 황설탕을 넣어도 좋다. 폭신한 거품을 만드는 우유 거품기는 라테를 만들 때도 유용하며 5천원 내외로 시중에서 손쉽게 구입할 수 있다.

mug glass

타입 | 롱 드링크
메인맛 | 스위트
알코올 도수 | ★☆☆
추천 안주 | 치즈스틱 + 양배추 피클

캠핑의 친구

뱅쇼

– Vin chaud –

뱅쇼는 40분~1시간 정도 뭉근히 끓이면서 알코올이 거의 날아가기 때문에 과일과 향신료를 넣고 끓인 차 정도로 봐도 괜찮다. 우리가 감기몸살일 때 쌍화탕이나 생강차를 마시듯, 프랑스에서는 뱅쇼를 즐긴다. 모닥불에 끓여 따뜻하게 바로 마시는 재미가 있어 캠핑에서도 빠질 수 없는 메뉴다.

Ingredient

❶ 레드 와인 1병
❷ 오렌지 1개
❸ 레몬 1개
❹ 시나몬 스틱 3개
❺ 꿀 3티스푼
❻ 팔각, 정향, 통후추 적당량
❼ 코냑 45㎖

코냑
프랑스 코냑 지방에서 생산된 포도주를 원료로 한 브랜디.

How to make

A: 정향과 통후추는 건져내기 쉽도록 티백 주머니에 넣거나 오렌지 껍질에 꽂는다.
B: 큰 냄비에 과일을 잘라 넣고 재료들을 넣는다.
C: 1시간 정도 끓여 과일 향이 우러나게 한다.
D: 유리 머그잔에 과일과 함께 담아낸다.

Tip

뱅쇼는 약한 불에 끓여야 과일과 향신료의 향이 잘 우러난다. 과일은 껍질째로 끓이기 때문에 소금물에 15분 정도 담근 후 깨끗하게 씻어 얇게 썬다(슬라이스가 얇을수록 좋다). 향신료인 팔각(목련과 상록수 열매: 맵고 단맛)과 정향(정향나무 꽃봉오리: 단맛)이 없을 경우 통후추만 넣어도 괜찮다. 코냑을 빼고 레드 와인만 넣어도 맛있는 뱅쇼를 만들 수 있다.

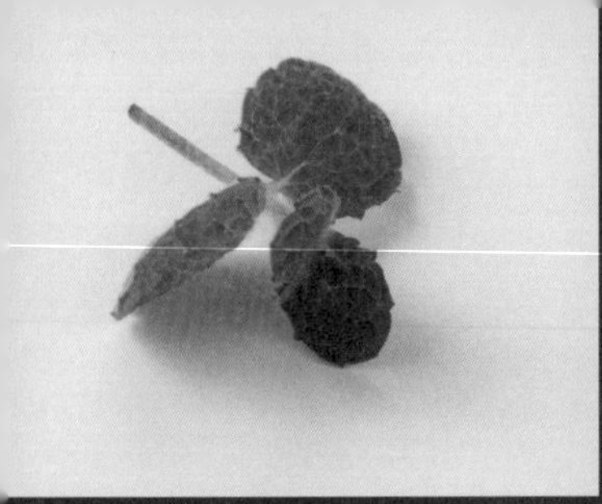

Part 3

나만을 위한 칵테일

for singles

Martini glass

타입 | 숏 드링크
메인맛 | 사워
알코올 도수 | ★★☆
추천 안주 | 육포

남자를 위한

사이드카

- Side Car -

상큼한 코냑 칵테일로 제1차 세계대전 중에 사이드카를 타고 다니던 병사들이 즐겨마셨다. 프랑스 군인이 만들었다는 설과 바텐더 하리 마켈혼이 고안했다고 하는 설이 있다. 뒤끝 없는 담백한 풍미가 칵테일을 즐길 줄 아는 남자와 잘 어울린다.

Ingredient

❶ 코냑 45㎖
❷ 라임 ½개
❸ 트리플섹 30㎖
❹ 각얼음
❺ 황설탕

How to make

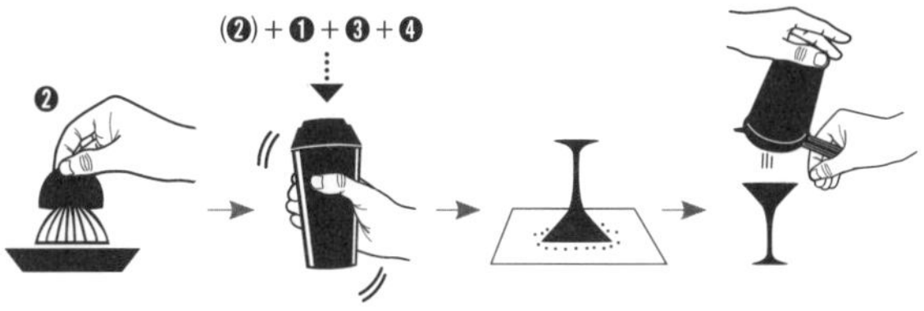

A: 셰이커에 라임즙, 코냑, 트리플섹, 각얼음 하나를 넣고 흔든다.

B: 마티니 잔에 황설탕을 리밍 한다.

C: 스트레이너를 이용해 마티니 잔에 담는다.

Martini glass

타입 | 숏 드링크
메인맛 | 스위트
알코올 도수 | ★★☆
추천 안주 | 햄 치즈 샐러드

QR코드를 찍으면
만들기 동영상

소녀처럼 즐기는

자몽 마티니

- Grapefruit martini -

자몽 보드카에 과즙을 첨가해 쌉싸래한 맛이 잘 어우러진 칵테일이다. 상큼하면서도 달콤해서 여성들이 부담 없이 즐길 수 있다. 자몽티를 대신해 가끔 한 잔 기울여보자.

Ingredient

❶ 자몽 보드카 45㎖
❷ 자몽 ½개
❸ 코인트로 or 트리플섹 30㎖
❹ 황설탕 1스푼
❺ 각얼음

How to make

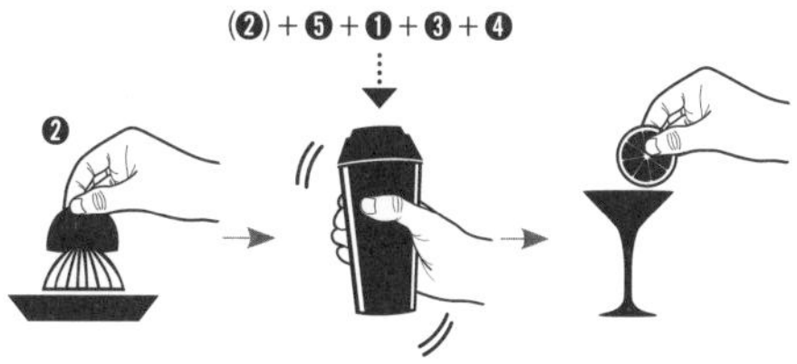

A: 자몽 ½은 슬라이스를 하나 한 뒤 즙을 짠다.
B: 각얼음 2~3개와 모든 재료를 넣고 흔든다.
C: 마티니 잔에 옮겨 담는다.
D: Ⓐ에서 잘라놓은 자몽 슬라이스로 장식한다.

Tip

자몽즙을 낼 때 껍질의 오일이 들어가면 깔끔함이 떨어진다. 알맹이만 주의해서 짜 넣는다.

Martini glass

타입 | 숏 드링크
메인맛 | 사워
알코올 도수 | ★★☆
추천 안주 | 건어물

심플하고 화끈한

그레이 구스 아니스

- Grey goose anise -

아니스(팔각)의 향과 과일 맛이 절묘하게 어우러졌다. 헐리우드의 많은 유명배우가 즐겨 마시는 그레이 구스 보드카를 이용한 칵테일이다.

Ingredient

❶ 그레이구스 시트론 45㎖
❷ 팔각 시럽 10㎖
❸ 레몬 ¼개
❹ 생강 1개
❺ 사과 ¼개
❻ 팔각 오일, 팔각

그레이구스 시트론
프랑스산 보드카 그레이 구스에 감귤 향을 첨가한 제품. 냉동고에 두고 마시면 좋다.

팔각 오일
팔각으로 만든 오일. 팔각은 목련과나무의 열매로 8개의 꼭짓점이 있는 별 모양이다. 매콤하고 단맛이 나며 달콤한 향이 일품.

How to make

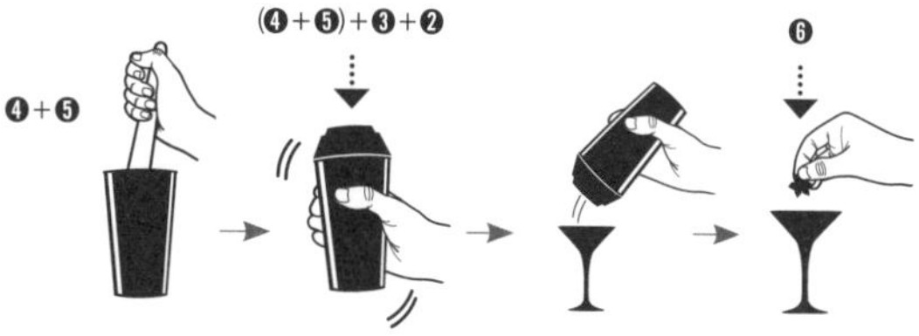

A: 믹싱 글라스에 생강과 사과를 넣고 으깬다.
B: 레몬을 짜 넣고, 팔각 시럽을 넣는다.
C: 잘 흔든 후 마티니 잔에 담는다.
D: 팔각 오일을 위에 몇 방울 떨어뜨리고, 팔각 하나를 띄워 장식한다.

Tip

팔각 시럽은 냄비에 설탕과 물을 200㎖씩 붓고 팔각을 10개 넣어 끓인 뒤 최소 10시간 정도 숙성시켜 만든다. 팔각 오일은 올리브유에 팔각을 하루 동안 담가 만들 수 있다.

Highball glass

타입 | 롱 드링크
메인맛 | 스위트 / 사워
알코올 도수 | ★★☆
추천 안주 |
고르곤졸라 피자

달콤 쌉싸래하게 마음을 달래는

위스키 피즈

- Whisky fizz -

한없이 우울한 날, 그 어떤 것도 위로가 되어 주지 못하는 야속한 날에 어울리는 칵테일이다. 진한 위스키에 달콤한 꿀과 상큼한 레몬을 더하고 스파클링 워터를 채워 넣은 위스키 피즈. 한 잔 마시고 나면 입 안에 남는 달콤 쌉싸래한 맛이 톡 쏘는 스파클링 워터와 어우러져 기분을 한결 풀어준다.

Ingredient

❶ 위스키 60㎖
❷ 레몬 ½개
❸ 꿀물 20㎖(water : honey=2 : 1)
❹ 스파클링 워터
❺ 각얼음

How to make

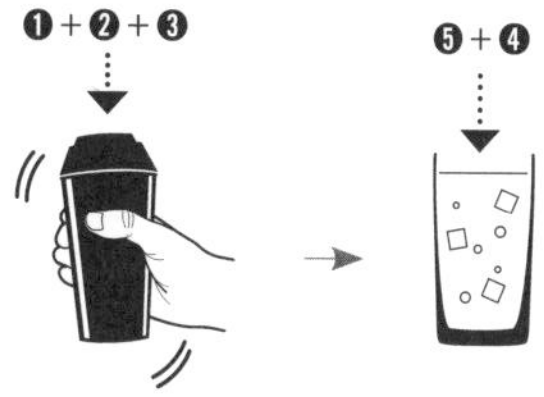

A: 셰이커에 레몬즙과 위스키, 꿀물, 각얼음을 담고 흔든다.
B: 하이볼 잔에 각얼음을 넣고 칵테일을 담아낸 후 스파클링 워터를 탑으로 채운다.

On the rock glass

타입 | 롱 드링크
메인맛 | 스위트
알코올 도수 | ★★☆
추천 안주 | 달콤한 과일

QR코드를 찍으면
만들기 동영상

수고했어, 오늘도!

민트 줄렙

- Mint julep -

끝이 보이지 않는 일 더미에서 전쟁 같은 하루를 보낸 날, 열심히 사는 스스로가 대견스럽게 느껴지는 그런 날, 나를 위해 한 잔 만들어보자. 위스키에 상큼한 민트 향이 더해져 지친 몸에 활기찬 기운을 불어넣어 줄 것이다. 수고했어, 오늘도!

Ingredient

❶ 위스키 60㎖
❷ 애플민트 10잎
❸ 황설탕 1티스푼
❹ 갈아 낸 얼음

How to make

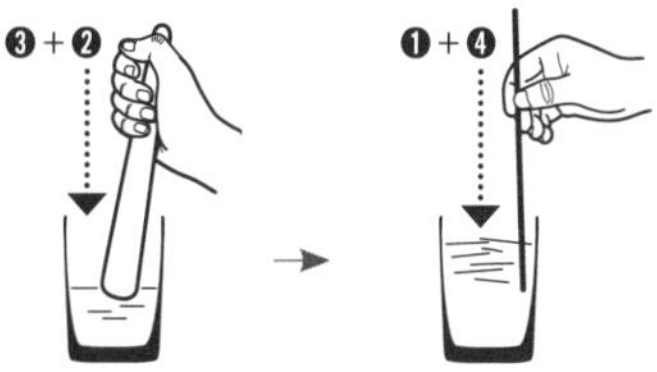

A: 온더록 잔에 황설탕과 애플민트를 넣고 살짝 으깬다.
B: 위스키를 넣고 얼음을 갈아 가득 채운 후 바스푼으로 휘젓는다.

Tip

미국 남부에서 시작된 줄렙은 가장 오래된 칵테일 중 하나다. 재료의 포인트는 '민트', 충분히 넣어 맛과 향을 살린다.

Martini glass

타입 | 롱 드링크
메인맛 | 스위트
알코올 도수 | ★★☆
추천 안주 | 불고기

우아해지고 싶은 날에는

크림슨 트와일라잇

- Crimson twilight -

바질과 석류가 들어간 진홍색 칵테일이다. 빡빡한 일상에서 벗어나 나를 가꾸고 싶은 날. 매혹적인 컬러의 크림슨 트와일라잇이 일상의 작은 선물이 되어줄 것이다.

Ingredient

❶ 보드카 45mℓ
❷ 레드 버무스 15mℓ
❸ 바질 5잎
❹ 석류 시럽 10mℓ
❺ 체리 7개

How to make

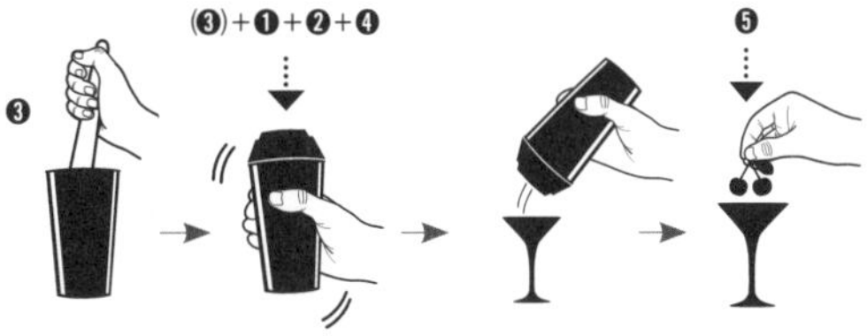

A: 믹싱 글라스에 바질을 넣어 살짝 으깬 후 체리를 제외한 나머지 재료와 함께 흔든다.

B: 마티니 잔에 담은 후 체리를 통째로 넣어 장식한다.

Tip

체리 가니쉬는 취향에 따라 양을 조절한다.

Martini glass

타입 | 롱 드링크
메인맛 | 스위트
알코올 도수 | ★★☆
추천 안주 | 다크 초콜릿

QR코드를 찍으면
만들기 동영상

굿바이 스트레스

초콜릿 마티니

- Chocolate martini -

스트레스 받을 때 달달한 간식은 구원투수다. 이 초콜릿 마티니는 깊고 진한 단맛에 알코올 도수가 있어 술기운도 슬쩍 올라온다. 여러모로 긴장을 풀어주는 한 잔이다.

Ingredient

❶ 바닐라 보드카 45㎖
❷ 초콜릿 소스 15㎖
❸ 에스프레소 5㎖
❹ 크림 드 카카오 15㎖
❺ 초콜릿 소량

크림 드 카카오
코코아와 바닐라 열매를 넣어 만든 리큐어.

How to make

A: 마티니 잔 가장자리에 짤주머니를 이용해 초콜릿 소스를 빙 두르고 초콜릿 가루로 리밍 해 준비한다.
B: 믹싱 글라스에 초콜릿 소스와 에스프레소 샷을 넣어 잘 섞어준다.
C: 나머지 재료를 넣고 흔든 후 잔에 담아낸다.
D: 초콜릿으로 장식한다.

Tip

리밍 할 때 쓰는 초콜릿 가루는 초콜릿 덩어리를 포크로 긁어서 만든다.

On the rock glass

타입 | 롱 드링크
메인맛 | 스위트
알코올 도수 | ★★☆
추천 안주 | 절편, 가래떡

싱글 여성을 위한 활력소

진저 카이피리냐

- Ginger caipirinha -

QR코드를 찍으면
만들기 동영상

몸의 냉증을 잡아주고 해독에도 좋은 생강은 여성에게 보약이라고 한다. 매운 생강에 설탕을 더해 그 쓴맛을 잡고 독특한 향은 살린 칵테일이다. 활력이 떨어졌을 때 만들어보자.

Ingredient

❶ 카챠카 럼 45㎖
❷ 생강 1개
❸ 라임 ¼개
❹ 황설탕 1½티스푼
❺ 갈아 낸 얼음

How to make

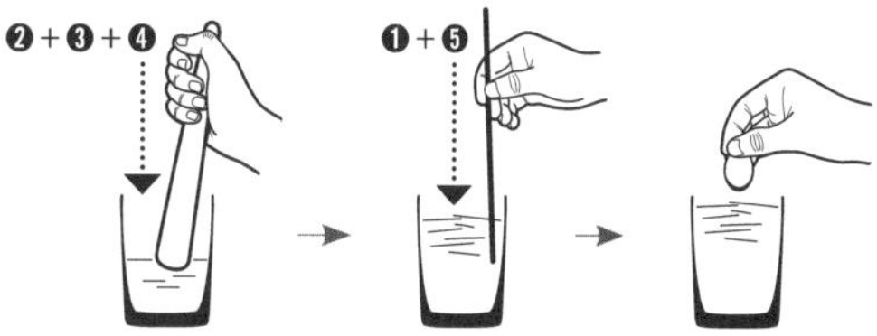

A: 빅 온더록 잔에 생강, 라임, 황설탕을 넣고 으깬다.
B: 카차샤 럼을 넣은 후 얼음을 갈아서 가득 채운다.
C: 바스푼으로 잘 저어준다.
D: 얼음을 갈아 위에 덮고 생강 슬라이스로 장식한다.

Tip

카이피리냐는 '브라질의 국민 음료'라고 불린다. 라임을 이용한 대표적인 칵테일로 모히토, 민트 줄렙과 함께 청량한 칵테일의 대표주자다.

Highball glass

타입 | 롱 드링크
메인맛 | 사워
알코올 도수 | ★☆☆
추천 안주 | 호두, 피칸

허브티를 즐기는 사람이라면

허브 로얄

- Herb royal -

허브 로얄은 로즈마리, 민트, 바질 세 가지의 허브를 넣고 만든 칵테일이다. 풍부한 허브 향이 매력인 이 칵테일은 깔끔한 맛과 향을 얼마나 살려줄 수 있느냐가 포인트. 평소 허브티를 즐기는 사람이라면 허브 로얄 역시 만족할 수 있을 것이다.

Ingredient

❶ 진 45㎖
❷ 심플시럽 10㎖
❸ 로즈마리 & 바질 & 민트 한움큼
❹ 레몬 ½개
❺ 토닉워터
❻ 갈아 낸 얼음

How to make

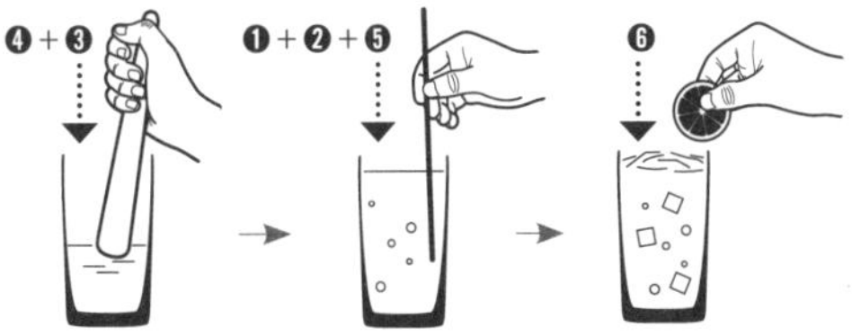

A: 하이볼 잔에 레몬을 넣고 으깬 후 허브를 넣고 살짝 으깬다.
B: 나머지 재료를 넣고 잘 저은 후 얼음을 갈아 덮는다.
C: 민트와 레몬 슬라이스를 장식한다.

On the rock glass

타입 | 롱 드링크
메인맛 | 드라이
알코올 도수 | ★★★
추천 안주 | 스모크 소시지

이제 위스키를 즐길 시간

올드 패션

- Old Fashioned -

진정으로 위스키의 맛과 향을 즐길 수 있는 나이는 언제쯤일까? 위스키 마니아들은 20대 중후반에도 그 맛을 느낀다고 하지만 아무래도 30대 후반이 넘어가야 제 맛을 알게 되는 것 같다. 성공한 남자를 위한 올드 패션. 위스키에 몰트를 태운 연기를 넣고 위스키 향을 진하게 느껴 보자.

Ingredient

❶ 위스키 45㎖
❷ 앙고스트라 비터스 2~3방울
❸ 오렌지 비터스 약간
❹ 심플시럽 15㎖
❺ 몰트 약간
❻ 볼얼음
❼ 오렌지 껍질

몰트(malt: 엿기름)
보리에 적당한 온도의 물을 붓고 약 3일간 발아시킨 것으로 위스키의 원료다. 디켄더에 몰트를 태운 연기를 넣고 위스키를 따르면 향이 더 짙어진다.

How to make

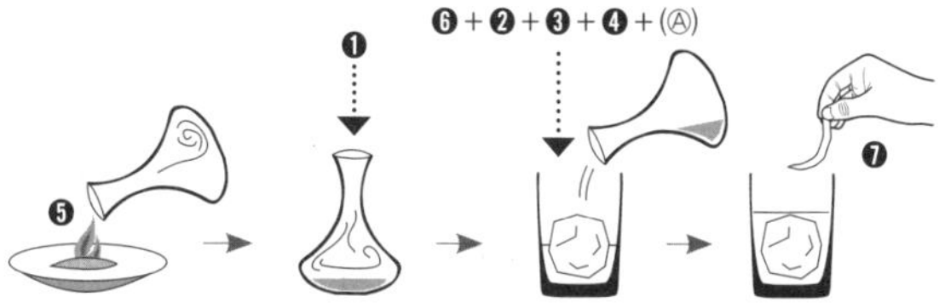

A: 디켄더에 몰트를 태운 연기를 넣고 위스키를 넣어준다.
B: 온더록 잔에 볼얼음과 리큐어 재료를 넣고 디켄딩된 위스키를 넣어준다.
C: 오렌지 껍질을 두껍게 깎아 장식한다.

Tip

몰트 과정은 향을 더하는 것이므로 생략해도 된다.

Highball glass

타입 | 롱 드링크
메인맛 | 사워
알코올 도수 | ★★★
추천 안주 | 스파이스 치킨

무기력을 날려 줄

엘 디아블로

- El diablo -

데킬라의 열정을 느낄 수 있는 칵테일 엘 디아블로. 데킬라 특유의 아가베 향과 카시스의 상큼함이 잘 어우러져 있다. 달콤하지만 알코올 도수가 높아 한 잔 마시고 나면 왜 '악마의 칵테일'이라고 이름이 붙게 되었는지 알 수 있을 것이다.

Ingredient

❶ 데킬라 45㎖
❷ 코인트로 15㎖
❸ 크림 드 카시스 15㎖
❹ 심플시럽 10㎖
❺ 진저에일 50㎖
❻ 각얼음
❼ 카시스나 체리

크림 드 카시스
카시스(블랙커런트) 열매로 만든 리큐어. 16세기경 프랑스의 성직자들에 의해 최초로 만들어졌다. 화이트 와인, 버무스 베이스와 주로 사용되고 알코올 도수는 18도가량이다.

How to make

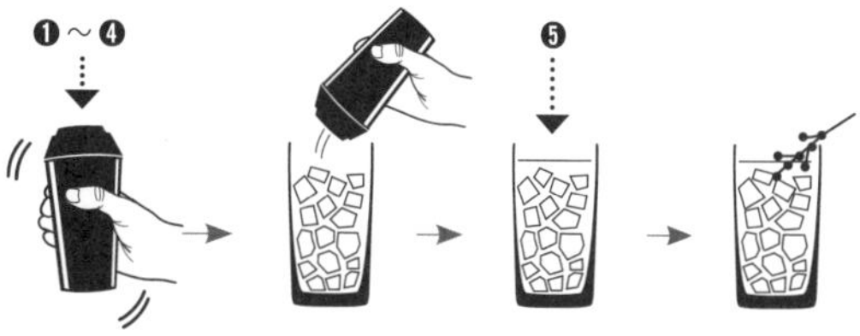

A: 셰이커에 진저에일을 제외한 모든 리큐어 재료를 넣고 흔든 후 각얼음이 담긴 하이볼 잔에 담아낸다.
B: 진저에일을 가득 담아낸 후 카시스나 체리로 장식한다.

On the rock glass

타입 | 롱 드링크
메인맛 | 사워
알코올 도수 | ★★☆
추천 안주 |
줄기콩(에다마메)

파프리카의 똑똑한 변신

인파프리카

- im paprika -

파프리카에 보드카를 담으면 칵테일을 마시는 내내 채소의 신선한 향이 오래간다. 레몬 조각을 더해 상큼함까지 살짝 얹으면 완성. 다 마시고 난 뒤 잔으로 썼던 파프리카는 아삭아삭 그대로 씹어 먹는다.

Ingredient

❶ 파프리카 1개
❷ 보드카 45㎖
❸ 애플 스냅스 30㎖
❹ 레몬 ⅛개
❺ 심플시럽 10㎖(혹은 황설탕 1티스푼)
❻ 민트 잎 약간
❼ 갈아 낸 얼음

How to make

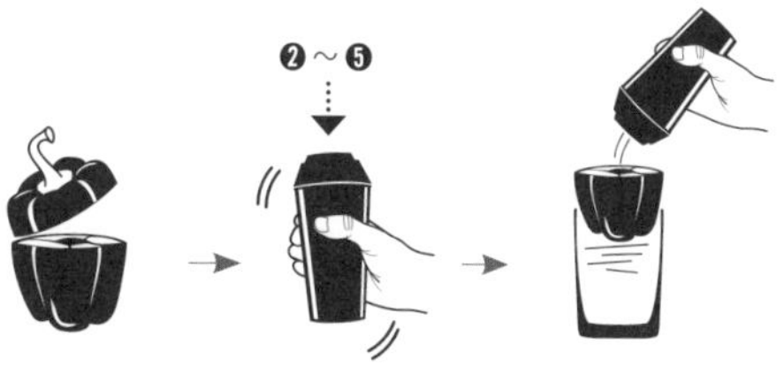

A: 파프리카 꼭지를 잘라낸 후 속을 파낸다.
B: 셰이커에 준비한 재료를 넣고 흔든다.
C: 온더록 잔에 얼음을 갈아 채운 후 파프리카를 올린다.
D: 파프리카 잔에 칵테일을 담고 민트로 장식한다.

Highball glass

타입 | 롱 드링크
메인맛 | 스위트
알코올 도수 | ★☆☆
추천 안주 | 생햄

어른의 바나나 우유

밀크 멜론

- Milk melon -

부드러운 우유에 멜론의 단맛이 첨가된 칵테일. 바나나 우유 맛이 나기 때문에 쉽게 쭉쭉 마시다 보면 만취할 수 있으니 조심하자.

Ingredient

❶ 미도리 30㎖
❷ 멜론 ⅛개
❸ 바나나 ½개
❹ 레몬 ½개
❺ 황설탕 1티스푼
❻ 우유 120㎖
❼ 각얼음

미도리
멜론 리큐어. 1978년 일본 산토리사에서 발매했다. 미도리는 일본어로 초록색을 뜻한다.

How to make

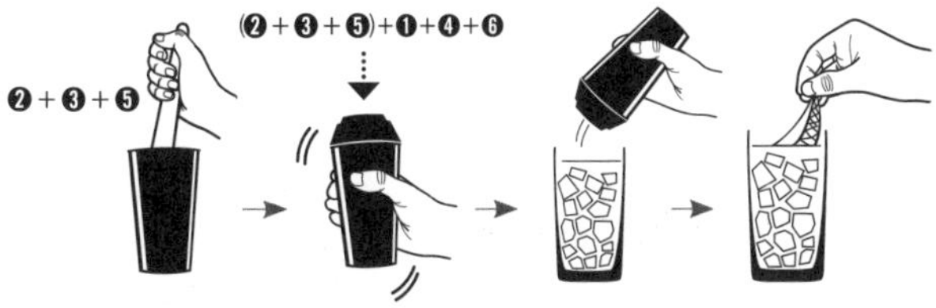

A: 믹싱 글라스에 멜론, 바나나, 황설탕을 넣고 으깬다.
B: 나머지 재료를 모두 넣고 흔든다.
C: 각얼음을 담은 하이볼 잔에 옮겨 담는다.
D: 멜론으로 장식한다.

Highball glass

타입 | 롱 드링크
메인맛 | 비터
알코올 도수 | ★★☆
추천 안주 | 과일칩

혼자만의 폭탄주

아이리시 카밤

- Irish car bomb -

아일랜드에서 폭탄주, 축하주로 즐기는 칵테일이다. 우리나라에서 흔히 마시는 폭탄주보다 약한 편. 아일랜드 맥주인 기네스에 부드러운 베일리스와 위스키가 더해져 강하지만 달콤하고 부드럽다.

Ingredient

❶ 기네스 1캔(350㎖)
❷ 아이리시 위스키 15㎖
❸ 베일리스 25㎖

How to make

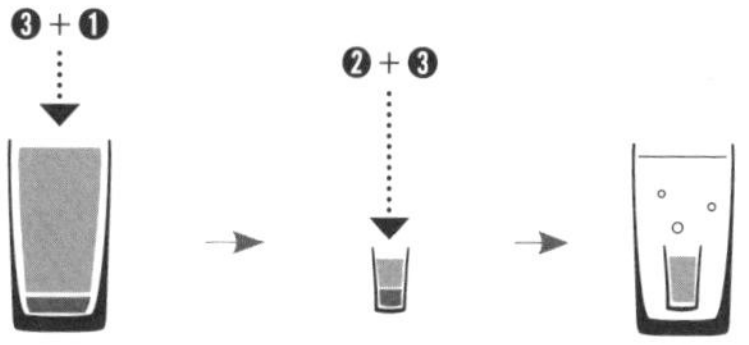

A: 맥주잔 바닥에 베일리스 10㎖를 깔고 기네스 1캔을 전부 따른다.

B: 샷 잔에 아이리시 위스키와 베일리스를 15㎖씩 넣고 맥주 잔에 담근다.

Tip

맥주와 베일리스가 섞이면 응고되므로 샷 잔을 담근 후 바로 마신다.

Highball glass

타입 | 롱 드링크
메인맛 | 비터
알코올 도수 | ★★☆
추천 안주 | 샐러리

건강에 좋은 토마토

블러드 메리

- Blood mary -

16세기 중반, 영국 최초의 여왕 메리 1세의 이름을 딴 칵테일. 카톨릭 부흥을 위해 프로테스탄트를 박해해 '피투성이 메리'라고 불렸고 이 칵테일의 붉은색 토마토가 '피'를 상징하고 있다. 미국과 영국에서는 해장술로도 즐긴다.

Ingredient

❶ 보드카 30㎖
❷ 토마토 주스 100㎖
❸ 우스터소스 1티스푼
❹ 핫소스 2~3방울
❺ 소금과 후추 약간
❻ 레몬 주스 약간
❼ 각얼음
❽ 샐러리 1대

How to make

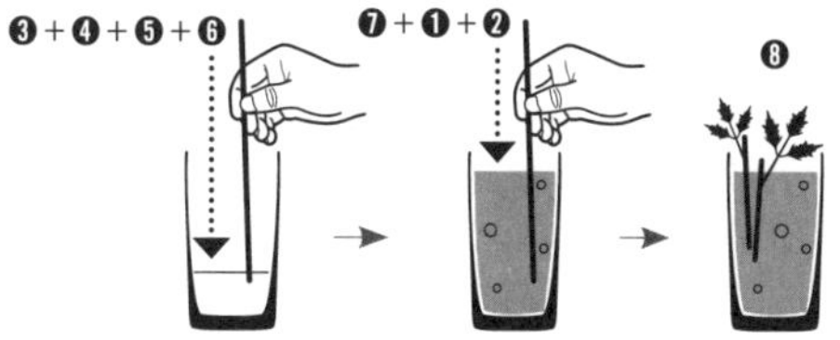

A: 하이볼 잔에 우스터소스, 핫소스, 소금, 후추, 레몬 주스를 넣어 바스푼으로 저어준다.
B: 각얼음을 넣고 보드카를 넣은 후 마지막에 토마토 주스를 붓고 휘젓는다(토마토 주스의 양은 기호에 맞게 조절한다).
C: 샐러리로 장식한다.

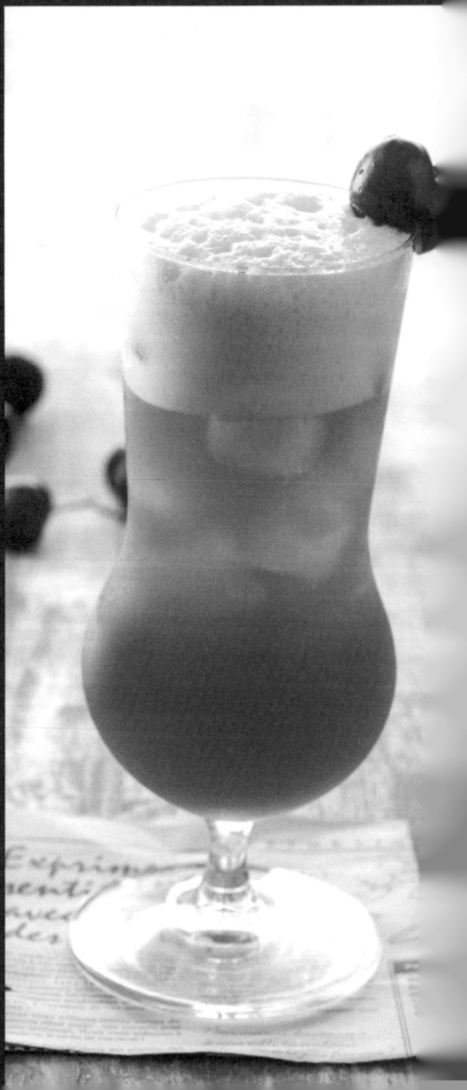

Part 4

함께 즐기는 칵테일

with people & Special days

Martini glass

타입 | 숏 드링크
메인맛 | 스위트
알코올 도수 | ★★☆
추천 안주 | 치즈

고백할 때

로즈 애플 마티니

- Rose apple martini -

사과 맛에 장미 향이 가미된 칵테일. 마음에 담아둔 이에게 고백할 때 로즈 애플 마티니와 함께하면 어떨까? 수줍은 시작에 용기가 필요한 사람에게 추천하는 칵테일이다. 장미꽃잎이 로맨틱한 분위기를 만들어 준다.

Ingredient

❶ 애플 보드카 45㎖
❷ 장미꽃잎 5잎
❸ 레몬 ⅛개
❹ 로즈 시럽 5㎖
❺ 그린애플 시럽 5㎖

로즈 시럽
장미 향 시럽. 커피나 베이커리에도 사용된다.

How to make

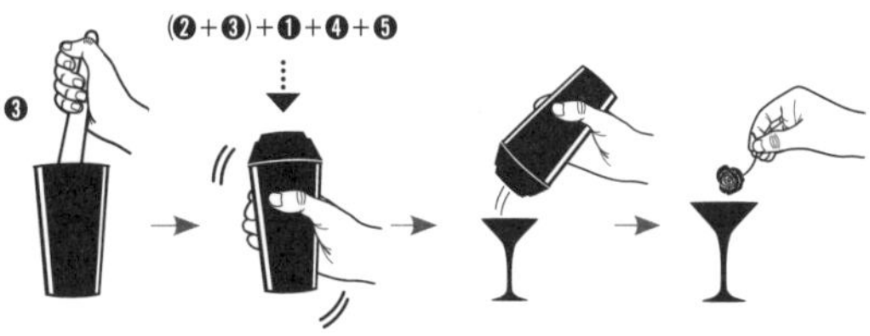

A: 믹싱 글라스에 장미꽃잎 3잎과 레몬을 짜 넣고 살짝 으깬다.
B: 시럽들과 보드카를 넣고 흔든 후 마티니 잔에 담는다.
C: 장미꽃잎 2잎이나 미니 장미를 띄운다.

Tip

장식할 때 미니 장미를 쓰면(사진 참조) 더 귀여운 칵테일이 된다.

Champagne glass

타입 | 숏 드링크
메인맛 | 드라이
알코올 도수 | ★★★
추천 안주 | 딸기

밤새워 놀 때

파티

샴페인 보드카

- Champagne vodka -

마실수록 기분이 좋아지는 샴페인 보드카. 주의할 점은 생각보다 알코올이 강하다는 점이다. 맘 놓고 만취할 수 있는 밤에 권한다.

Ingredient

❶ 보드카 15㎖
❷ 샴페인 45㎖
❸ 딸기 ½개

How to make

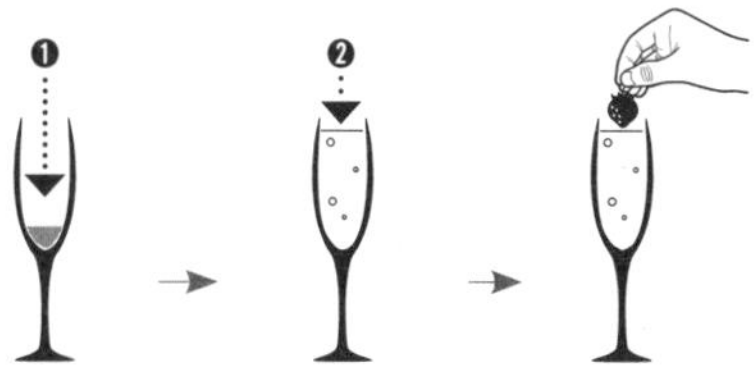

A: 샴페인 잔에 보드카를 15㎖ 넣고 샴페인을 채운다.
B: 딸기를 반으로 잘라 넣는다.

Tip

샴페인은 기호에 맞게 조절한다. 완성 후 딸기를 넣으면 탄산이 올라와 넘칠 수 있으니 샴페인을 잔의 ¾까지만 채운다.

On the rock glass

타입 | 숏 드링크
메인맛 | 드라이
알코올 도수 | ★★★
추천 안주 | 후르츠 칵테일

아버지와 함께

아버지와 아들을 위한

쓰리 와이즈맨

- Three wiseman -

세 가지 위스키가 담긴 칵테일이다. 맛을 느끼는 순서가 있어 재료가 섞이지 않게 차례대로 층을 쌓는 게 중요하다. 남자들의 세계가 느껴지는 묵직한 맛으로 아버지와 대화하면서 한 잔 하기에 좋다.

Ingredient

❶ 짐빔블랙 15㎖
❷ 잭다니엘 15㎖
❸ 조니워커블랙 15㎖
❹ 볼얼음

짐빔블랙
버번위스키 종류 중 하나로 8년 숙성한 고급 라벨이다.

잭다니엘
테네시 위스키 종류 중 하나다. 미국 테네시 지방에서 최고급 식용 옥수수만을 사용해 만든다.

조니워커블랙
블렌디드 위스키 종류 중 하나로 스코틀랜드 지방에서 생산되는 약 40여 종의 위스키를 섞어 만든다.

How to make

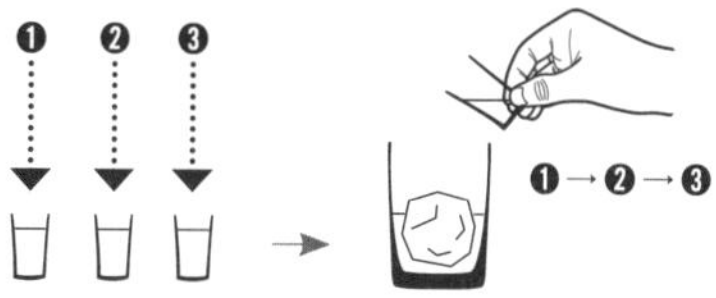

A: 재료들을 샷 잔에 각각 따른다.
B: 볼얼음을 넣고 ❶→❷→❸의 순서로 온더록 잔에 층을 쌓듯 따라넣는다.

Tip

얼음을 넣어 온더록으로 즐겨도 좋지만 강한 술맛과 레이어드를 제대로 느끼고 싶다면 얼음을 빼고 스트레이트로 즐긴다.

Highball glass

타입 | 롱 드링크
메인맛 | 스위트
알코올 도수 | ★★☆
추천 안주 | 베이글

실연의 아픔을 보듬는

보드카 버블

– Vodka bubble –

실연

보드카 버블은 크리미 하고 달콤한 맛 뒤에 쫄깃한 버블을 씹는 재미가 있다. 극도로 우울할 때 마시면 기분전환이 되는 마법의 칵테일이다.

Ingredient

❶ 보드카 45㎖
❷ 트리플섹 30㎖
❸ 우유 45㎖
❹ 딸기 시럽 15㎖
❺ 심플시럽 10㎖
❻ 타피오카펄 2티스푼
❼ 각얼음
❽ 딸기 ½개

How to make

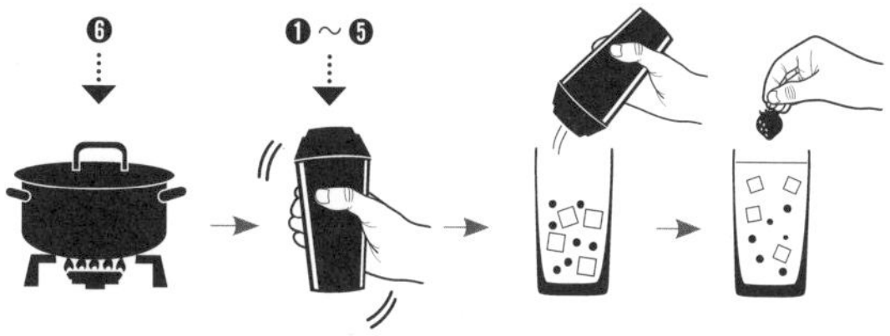

A: 타피오카펄을 끓는 물에 5~10분 삶는다.
B: 셰이커에 준비한 재료들을 넣고 흔든다.
C: 하이볼 잔에 준비된 타피오카펄을 넣고 각얼음과 함께 음료를 담는다.
D: 딸기로 장식한다.

Tip

타피오카에 단맛을 더하려면 타피오카펄을 삶은 후 아가베 시럽에 1~2시간 정도 재운 다음 사용한다.

On the rock glass

타입 | 롱 드링크
메인맛 | 스위트
알코올 도수 | ★★☆
추천 안주 | 갈비찜, 잡채

집들이

집들이에 분위기를 돋우는 식전주

니그로니

– Negroni –

드디어 나만의 공간이 생기고 공식적인 독립선언을 하는 날. 축배가 꼭 필요한 때에는 식전주 칵테일인 니그로니가 제격이다. 이탈리아의 식전주인 니그로니는 진을 베이스로 해 쓴맛이 강한 칵테일인데 느끼한 음식이 많은 파티 상에 잘 어울린다. 니그로니를 한 잔 마시고 나서 기름진 음식을 먹으면 속도 편안하고 맛의 밸런스도 좋다.

Ingredient

❶ 진 45㎖
❷ 스위트 버무스 15㎖
❸ 캄파리 15㎖
❹ 자몽 ½개
❺ 각얼음

캄파리
오렌지 껍질 향의 리큐어 중 하나다. 이탈리아인 가스빠레 캄파리가 약용 리큐어인 비터스를 개량하여 만들었다.

스위트 버무스
화이트 와인에 브랜디와 약초를 섞은 버무스의 한 종류로 진한 붉은 색에 톡 쏘는 단맛을 갖고 있다. 주로 달콤한 칵테일에 애용되며 향미가 좋아 식욕을 돋우는 식전주로 쓰인다.

How to make

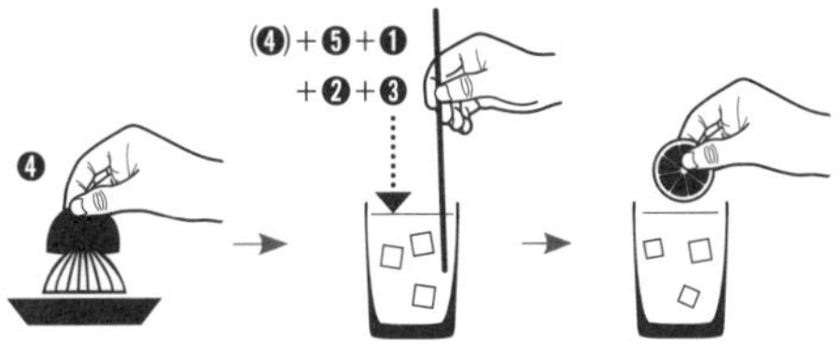

A: 자몽은 슬라이스를 하나 해둔다.
B: 온더록 잔에 자몽을 짜 넣고 각얼음을 채운다.
C: 남은 재료를 넣고 바스푼으로 저은 후 잘라놓은 자몽 슬라이스로 장식한다.

Highball glass

타입 | 롱 드링크
메인맛 | 사워
알코올 도수 | ★☆☆
추천 안주 | 크레페

축하할 때는 축배를

페어 버블

- Pear bubble -

샴페인은 언제나 기분을 고조시키는 술이다. 축하할 일이 있을 때 터트리는 재미도 있지만 아까운 술을 바닥에 뿌리는 것이 영 마땅치 않다면 조심해서 '퐁'소리만 나게 따고 칵테일을 만들어보자. 페어 버블은 샴페인에 페어 브랜디가 믹스되어 달콤하게 축배를 들 수 있는 칵테일이다.

Ingredient

❶ 페어 브랜디 15mℓ
❷ 심플시럽 10mℓ
❸ 레몬 1/12개
❹ 샴페인 50mℓ
❺ 배 슬라이스

페어 브랜디
포도가 원료인 브랜디에 배를 첨가한 리큐어.

How to make

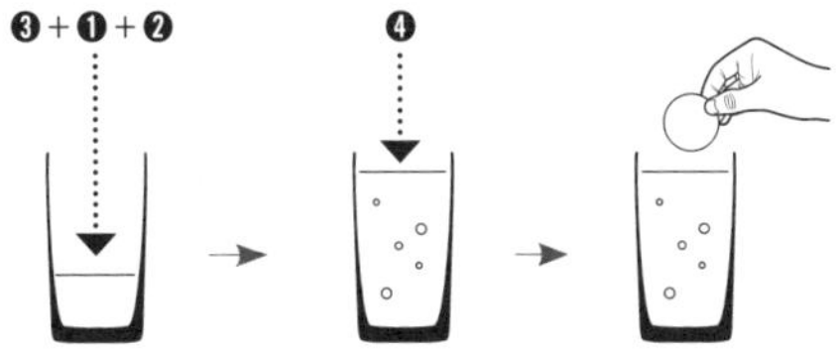

A: 하이볼 잔에 레몬을 짜 넣고 페어 브랜디와 심플시럽을 넣은 뒤 가볍게 휘젓는다.
B: 넘치지 않게 샴페인을 천천히 따른다.
C: 배를 슬라이스 해 하이볼 잔 벽에 장식한다.

Mojito glass / Highball glass

타입 | 롱 드링크
메인맛 | 스위트
알코올 도수 | ★☆☆
추천 안주 | 게맛살

QR코드를 찍으면
만들기 동영상

연인과 함께1

썸 타는 이들에게 어울리는

허니 그라스

- Honey grass -

이 사람이랑 어떻게 될까? 은근한 기대를 하며 미묘한 마음의 줄다리기를 하는 사이. 이런 상대방과 한 잔 하게 된다면 허니 그라스를 추천한다. 이름처럼 달콤한 칵테일! '허니'라는 칵테일 네이밍도 이야기해주며 마음의 거리를 좁혀보자.

Ingredient

❶ 진 45㎖
❷ 오렌지 ½개
❸ 레몬 ½개
❹ 꿀 30㎖
❺ 스파클링 워터
❻ 각얼음
❼ 레몬그라스 1개

How to make

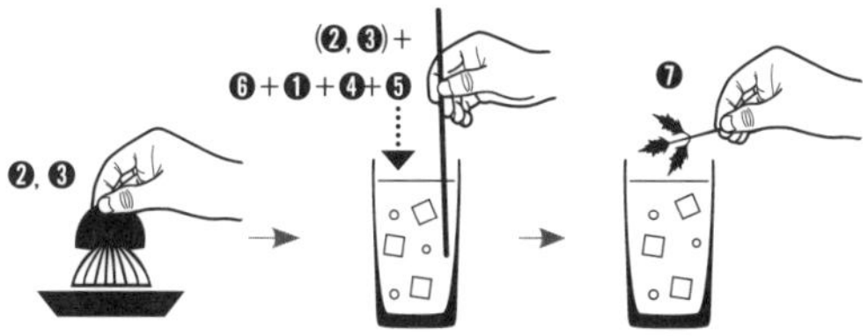

A: 하이볼 잔에 오렌지와 레몬을 짜 넣는다.
B: 각얼음을 채운 후 나머지 재료를 넣고 휘젓는다.
C: 레몬그라스로 장식한다.

Snifter glass

타입 | 롱 드링크
메인맛 | 드라이
알코올 도수 | ★★★
추천 안주 |
스트로베리 캔디

하트에 담긴 진심

파워 오브 러브

- Power of love -

은은하게 옅은 핑크색 칵테일 가운데에 하트 모양의 얼음을 띄워 주었다. 귀여운 색감으로 알코올 도수가 약해 보일 수 있지만 아주 드라이한 칵테일이다.

Ingredient

❶ 바카디 피치 레드 럼 60㎖
❷ 코인트로 15㎖
❸ 로즈 시럽 10㎖
❹ 심플시럽 5㎖
❺ 레몬 ¼개
❻ 하트 얼음

How to make

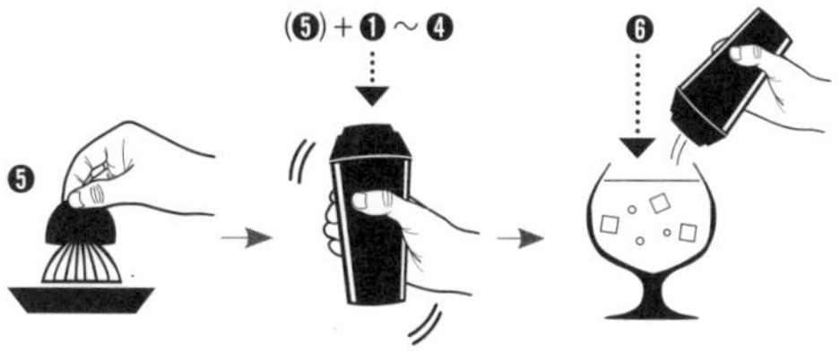

A: 셰이커에 레몬즙과 나머지 재료를 넣고 흔든다.
B: 스니프터 잔에 하트 얼음을 넣고 음료를 담는다.

Tip

하트 모양 얼음틀은 3천원 내외로 구입할 수 있다.

Watermelon

타입 | 롱드링크
메인맛 | 스위트
알코올 도수 | ★☆☆
추천 안주 | 샐러리

친구들과의 파티에 재미를

보드카 워터멜론

– Vodka watermelon –

수박이 보드카를 꿀꺽꿀꺽 맛있게 마시기를 기다렸다가 그 수박을 먹을 만큼 적당한 크기로 잘라서 먹는 칵테일이다. 알코올 냄새가 나지 않고 부드럽다. 잔이 필요 없는 이 특별한 칵테일 덕에 친구들과의 파티가 더 기억에 남을 것이다.

Ingredient

❶ 수박 ½통
❷ 보드카 ¼병

How to make

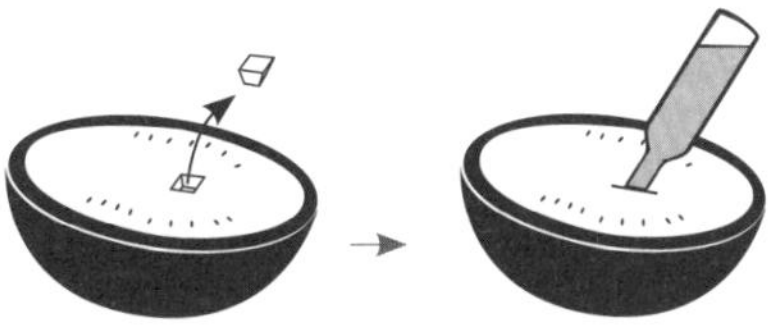

A: 수박을 반으로 잘라 보드카가 들어갈 수 있게 칼로 도려낸다.
B: 보드카 ¼병을 통째로 꽂는다.
C: 보드카가 다 스며들 때까지 숙성시킨 후 수박을 잘라 먹는다.

Tip

보드카 양은 기호에 맞게 조절한다.

Martini glass

타입 | 숏 드링크
메인맛 | 드라이
알코올 도수 | ★★★
추천 안주 | 땅콩

스타일리시한 여자를 위한

코스모폴리탄

- Cosmopolitan -

미드 〈섹스 앤 더 시티〉에 등장해 여자들의 워너비가 된 코스모폴리탄. '세계인'이라는 이름만큼 폭넓은 사고방식을 가진 이지적인 여성들을 위한 칵테일이다. 이 레시피에서는 아페롤을 추가해 더 진한 색과 향을 느낄 수 있다.

Ingredient

❶ 보드카 45㎖
❷ 코인트로 15㎖
❸ 아페럴 5㎖
❹ 크랜베리 주스 15㎖
❺ 레몬 ½개

How to make

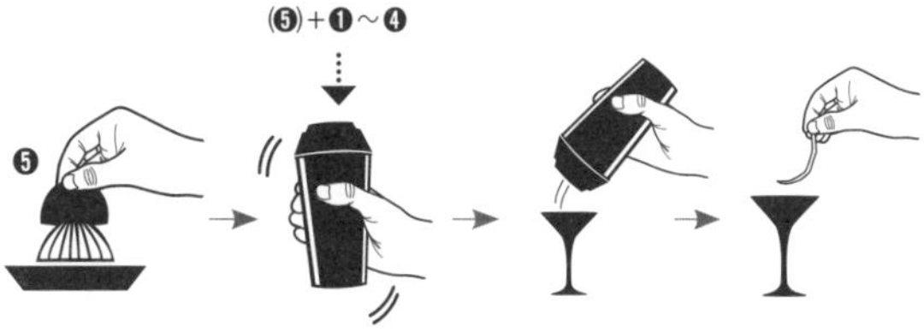

A: 셰이커에 레몬즙을 넣고 나머지 리큐어를 넣은 후 흔든다.
B: 마티니 잔에 담아낸 후 레몬 껍질로 장식한다.

Double shot glass

타입 | 숏 드링크
메인맛 | 스위트
알코올 도수 | ★★☆
추천 안주 | 초콜릿

밸런타인데이에는

에스프레소 핫 샷

- Espresso hot shot -

따끈한 커피와 부드러운 크림의 밸런스가 좋은 에스프레소 핫 샷은 비가 부슬부슬 오거나 추운 날 마시기에 딱 좋다. 조금 만들어서 입에 한번에 털어 넣는 숏 칵테일이지만 그 맛과 여운은 오래 간다. 밸런타인데이의 초콜릿과 잘 어울리는 칵테일이다.

Ingredient

❶ 프란젤리코 15㎖
❷ 에스프레소 20㎖
❸ 생크림(휘핑하지 않은 것) 약간

프란젤리코
우리나라에 유통되고 있는 유일한 헤이즐넛 리큐어. 이탈리아 북부에서 생산되며 헤이즐넛, 코코아, 바닐라, 천연허브 추출물 등이 주원료다. 베일리스나 깔루아보다 풍미가 깊고 깔끔한 맛.

How to make

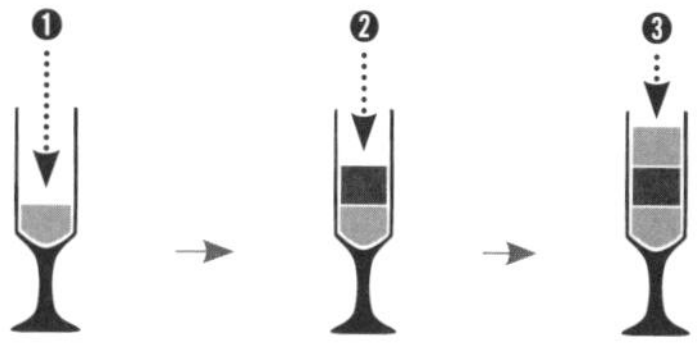

A: 더블 샷 잔에 재료를 ❶ → ❷ → ❸ 순서대로 층을 쌓듯 조심히 따른다.

Tip

뜨거운 커피로 만들기 때문에 만들자마자 바로 마셔야 맛을 제대로 즐길 수 있다.

Collins glass

타입 | 롱 드링크
메인맛 | 스위트
알코올 도수 | ★★☆
추천 안주 | 칠리소스 나초

신혼여행

신혼여행에서 칵테일

싱가포르 슬링

- Singapore sling -

체리와 진의 향이 더해진 달콤한 칵테일. 아름다운 핑크색을 띄는 칵테일로 싱가포르의 석양을 연상시킨다고 해서 이름 지어진 칵테일이다. 행복한 결혼식을 치르고 떠난 신혼여행의 첫 날. 석양이 비치는 테라스에 앉아 미래를 그려보며 마시기에 참 좋을 것 같다.

Ingredient

❶ 진 45ml
❷ 체리브랜디 20ml
❸ 코인트로 10ml
❹ 베네딕틴 10ml
❺ 그레나딘 시럽 5ml
❻ 앙고스트라 비터스 2~3방울
❼ 파인애플 주스 90ml
❽ 라임 주스 15ml
❾ 각얼음

How to make

A: 셰이커에 위의 재료를 담는다.
B: 거품이 나도록 강하게 흔든 후 카린스 잔에 담는다.
C: 파인애플이나 체리로 장식한다.

코인트로
오렌지 껍질로 만든 리큐어. 케이크나 디저트를 만들 때도 사용된다.

베네딕틴
여러 약초로 착향시킨 가장 오래된 리큐어 중의 하나. 베네딕틴 수도원의 한 수도사가 만들어 아직도 그 조제법은 비밀로 되어 있다. 알코올 도수는 약 42도로 높은 편이고 피로회복에 효과가 있다.

그레나딘 시럽
당밀에 석류를 넣어 만든 시럽. 붉은 색이 살아 있어 칵테일을 만들 때 가장 많이 사용되는 과일 시럽이다.

Champagne glass

타입 | 롱 드링크
메인맛 | 스위트
알코올 도수 | ★★★
추천 안주 | 치즈

크리스마스

크리스마스를 빛내주는

프렌치75

- French 75 -

한 해가 마무리되는 12월. 12월의 꽃은 역시 크리스마스다. 이런 날 꼭 빠지지 않는 게 프렌치75. 부드럽지만 알코올 도수가 높아 쉽게 취하고 샴페인 버블이 있어 파티 분위기를 돋우는 데 이만한 게 없다. 함께 축배를 들면서 기분 좋은 연말연시를 만들 수 있을 것이다.

Ingredient

❶ 샴페인 40㎖
❷ 라임 ¼개
❸ 진 15㎖
❹ 심플시럽 5㎖

How to make

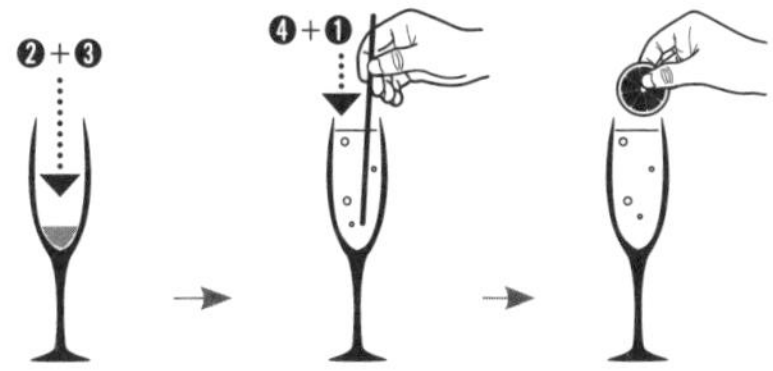

A: 준비된 샴페인 잔에 라임 ⅛개를 짜 넣고 차갑게 보관한 진을 넣는다.
B: 심플시럽을 조금 넣고 샴페인을 탑까지 따른다.
C: 바스푼으로 살짝 휘젓는다.
D: 남은 라임으로 장식한다.

Champagne glass

타입 | 롱 드링크
메인맛 | 사워
알코올 도수 | ★★☆
추천 안주 | 한치, 추러스

성년의 날 파티에는

블루베리 힙노틱

- Blueberry hpnotiq -

법적으로 성인이 된 것을 기념하는 성년의 날, 어떻게 하면 근사하게 보낼지 생각만으로도 설렌다. 푸른 컬러감과 세련된 보틀이 스타일리시한 파티에 어울리는 힙노틱. 스파클링 워터의 톡 쏘는 맛과 힙노틱의 상큼한 과일 향이 성년의 날에 해방감을 더해줄 것이다.

Ingredient

❶ 힙노틱 60㎖
❷ 블루베리 보드카 15㎖
❸ 스파클링 워터
❹ 각얼음
❺ 블루베리 7~8알
❻ 로즈마리 약간

힙노틱
2001년 뉴욕에 살던 라파엘 야코비가 만든 것으로 백화점 진열대에 있던 파란 향수 보틀을 보고 영감을 얻었다. 칵테일에 쓰이는 리큐어 중 푸른색을 띠는 것은 블루큐라소와 힙노틱뿐이다. 상큼한 과일 향을 머금은 프리미엄급 보드카에 코냑이 소량 함유되어 있으며 알코올 도수가 약해 가볍게 스트레이트로도 마실 수 있다.

How to make

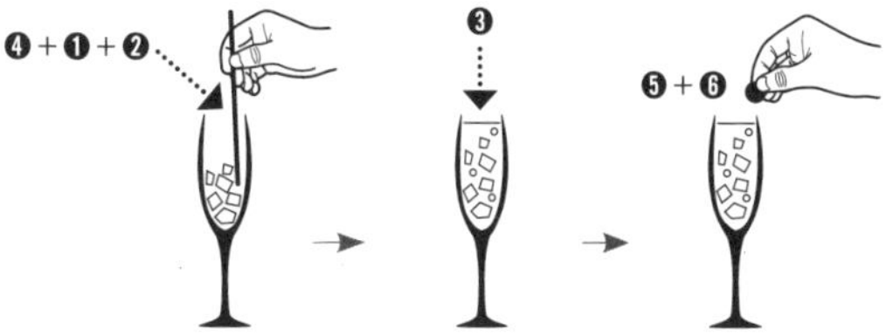

A: 샴페인 잔에 각얼음을 가득 담은 후 준비한 재료를 넣고 휘젓는다.
B: 스파클링 워터를 가득 채운 후 블루베리와 로즈마리로 장식한다.

Highball glass

타입 | 롱 드링크
메인맛 | 비터
알코올 도수 | ★☆☆
추천 안주 | 햄버거, 육포

QR코드를 찍으면
만들기 동영상

가족과 함께 초간단 칵테일

핑크 스파클링

- Pink sparkling -

집에서 칵테일을 만들어 마신다는 건 생각보다 쉽지 않은 일이다. 그렇다고 매일 집에선 맥주와 소주만 마실 수도 없는 노릇! 아주 간단하면서도 폼이 나는 그런 칵테일은 없을까? 부담 없이 분위기 잡을 수 있는 칵테일을 하나 소개한다. 정말 만들기 쉬우니 걱정하지 마시길. 가족과의 홈파티, 캠핑 등에서 누구든 맛있게 즐길 수 있는 칵테일이다.

Ingredient

❶ 엑스 레이티드
❷ 스파클링 워터
❸ 각얼음

엑스 레이티드
마다가스카 해안에서 재배한 최상품의 밀을 9번 증류하고 거기에 시칠리아산 붉은 오렌지와 망고의 향을 더한 퓨전 리큐어다. 2004년 프랑스에서 첫 선을 보였고 상큼한 맛과 색상으로 트렌디한 여성들의 사랑을 받고 있다.

How to make

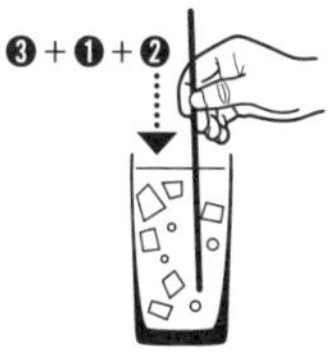

A: 잔에 각얼음을 채운 후 ❶과 ❷ 재료를 1:1 비율로 넣고 가볍게 휘젓는다.

Tumbler

타입 | 롱 드링크
메인맛 | 사워
알코올 도수 | ★☆☆
추천 안주 | 해바라기씨

마음의 기지개를 켤 때

썬플라워

- Sunflower -

라즈베리와 오렌지가 들어간 상큼한 칵테일. 기분전환이 필요한 주말 오후에 활짝 핀 해바라기를 꽂아 즐겨보자.

Ingredient

❶ 보드카 60㎖
❷ 라즈베리 7~9알
❸ 오렌지 ½개
❹ 황설탕 1스푼
❺ 라즈베리 시럽 10㎖
❻ 스파클링 워터
❼ 각얼음
❽ 해바라기

How to make

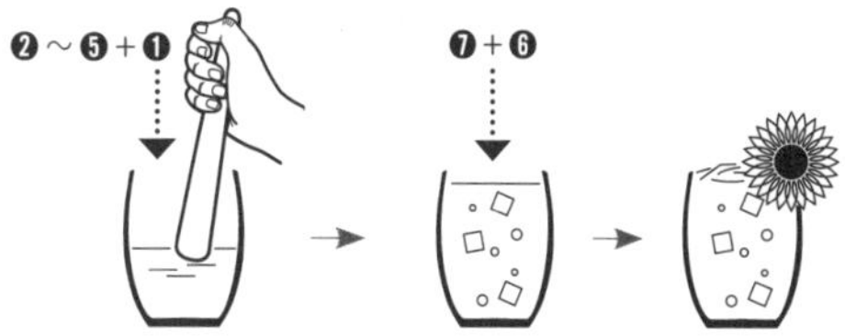

A: 잔에 오렌지와 라즈베리를 넣고 황설탕과 라즈베리 시럽을 함께 으깬 후 보드카를 넣는다.
B: 잔에 각얼음을 가득 채운 후 스파클링 워터를 탑까지 채운다.
C: 얼음을 갈아서 덮고 해바라기 꽃 하나로 장식한다.

Tip

해바라기는 꼭 꽂지 않고 칵테일만 즐겨도, 기분전환을 하기엔 충분하다.

Part 5

요리에 어울리는 칵테일

For dishes

Champagne glass

타입 | 롱 드링크
메인맛 | 스위트
알코올 도수 | ★☆☆

파전

파전엔 왜 항상 동동주인가?

스파클링 상그리아

- Sparkling sangria -

어릴 적 친구들과 술을 마시러 가면 파전엔 동동주가 단골 메뉴였다. 어느 날은 파전을 부쳐 집에 남는 와인과 과일을 꺼내 즉석에서 상그리아를 만들었는데 파전에 곁들이니 신세계였다. 파전의 고소함이 과일로 담근 와인의 달콤하고도 쓴맛과 이렇게 잘 어울릴 줄은 미처 몰랐다.

Ingredient

❶ 화이트 와인 1병
❷ 체리 5알
❸ 블루베리 1컵
❹ 라즈베리 1컵
❺ 딸기 1컵
❻ 복숭아 ½컵
❼ 꿀 ¼컵
❽ 브랜디 ⅓컵
❾ 스파클링 워터

How to make

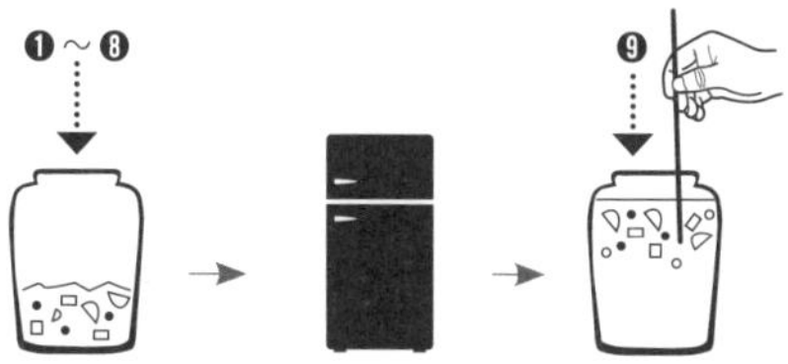

A: 체리, 블루베리, 라즈베리, 딸기, 복숭아를 먹기 좋게 커팅해서 큰 통에 넣는다.
B: 스파클링 워터를 제외한 다른 재료들을 모두 넣고 냉장고에 1~4시간 숙성을 시킨다.
C: 숙성이 다 된 후 병에 스파클링 워터를 넣어 휘젓는다.
D: 샴페인 잔에 따라 마신다.

Tip

취향에 따라 과일을 여러 가지로 바꿔본다. 스파클링 워터는 마시기 바로 직전에 넣어 탄산을 살린다. 재료 중 브랜디를 빼고 화이트 와인으로만 만들어도 좋다.

Martini glass

타입 | 숏 드링크
메인맛 | 비터
알코올 도수 | ★★☆

스시에는

사케 마티니

- Sake martini -

몇 년 전 여름, 일본 여행 중에 소문난 스시 집을 찾았을 때 '사케 마티니'라는 특이한 칵테일을 만났다. 사케와 와인이 조합된 칵테일로 사케만 마셨을 때보다 입 안의 밸런스가 훌륭했다. 귀국 후에 주방으로 바로 달려가 그 사케 마티니를 재현해봤다.

Ingredient

❶ 사케 60㎖
❷ 버무스 15㎖
❸ 각얼음
❹ 오이 슬라이스 1조각

버무스
화이트 와인에 브랜디와 약초를 섞은 리큐어. 프렌치 버무스는 쓴맛, 이탈리안 버무스는 단맛이 강하다. 사케 마티니에는 드라이한 프렌치 버무스를 쓴다.

How to make

A: 사케와 버무스를 셰이커에 담는다.
B: 각얼음을 8~10개 넣고 휘저은 후 마티니 잔에 담는다.
C: 오이 슬라이스로 장식한다.

Tip

휘저을 때 술이 얼음에 많이 희석될 수 있으므로 사케를 차갑게 준비한다.

Highball glass

타입 | 롱 드링크
메인맛 | 사워
알코올 도수 | ★★☆

삼겹살

삼겹살에

진토닉

- Gin & tonic -

삼겹살은 대한민국 사람들에게 최고의 음식이자 안주다. 삼겹살에는 대부분 소주를 떠올리지만 비슷한 계열의 진토닉과 함께 즐기면 또 다른 특별한 맛을 경험할 수 있을 것이다. '삼겹살과 소주'라는 진부한 공식을 벗어나 당신의 감각을 뽐내 보자.

Ingredient

❶ 진 45㎖
❷ 토닉워터 150㎖
❸ 라임 1/12개
❹ 각얼음

How to make

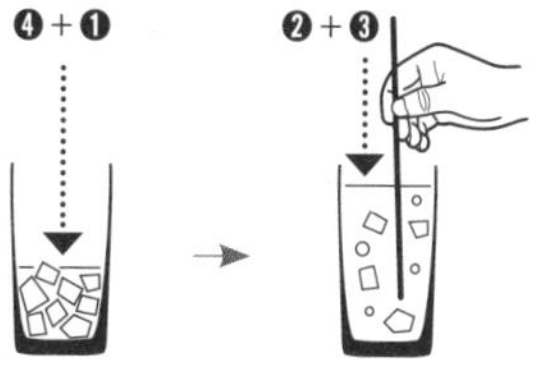

A: 하이볼 잔에 각얼음과 진을 넣는다.
B: 토닉워터를 가득 채운 후 살짝 젓고 라임을 짜 넣는다.

Tip

주니퍼베리(달콤 쌉싸래한 유럽에서 많이 쓰는 향신료)를 가볍게 으깨서 첨가하면 진의 향이 짙어진다. 오이 슬라이스를 장식하면 더 시원한 진토닉을 즐길 수 있고 라임이 없을 때에는 레몬을 쓴다.

Snifter glass

타입 | 롱 드링크
메인맛 | 비터
알코올 도수 | ★★☆

QR코드를 찍으면
만들기 동영상

브런치

브런치와 함께하는

코로나리타

- Coronarita -

날씨가 화창한 주말에는 밖에서 즐겨줘야 옳다. 휴일 오후의 한가로움을 즐기고 싶은 모두에게 코로나리타를 추천한다.

Ingredient

❶ 데킬라 30㎖
❷ 코인트로 혹은 트리플섹 20㎖
❸ 라임 ½개
❹ 라임 주스 15㎖
❺ 심플시럽 15㎖
❻ 코로니타(코로나 미니) 1병
❼ 각얼음
❽ 소금

How to make

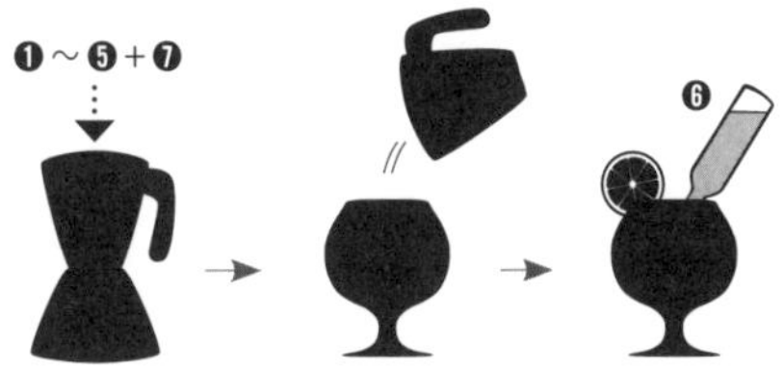

A: 블렌더에 코로나를 제외한 재료와 각얼음 8~10개를 넣고 갈아준다.
B: 스니프터 잔에 소금으로 리밍 한 후(생략가능) Ⓐ를 담는다.
C: 코로니타를 거꾸로 꽂는다.
D: 라임 껍질이나 슬라이스로 장식한다.

Tip

코로나가 없을 경우 다른 맥주를 사용해도 괜찮다. 단 200㎖가량의 미니보틀이 포인트.

Champagne glass

타입 | 롱 드링크
메인맛 | 스위트
알코올 도수 | ★☆☆

카프레제

카프레제엔

카시스 프라페

- Cassis frappe -

카시스 프라페는 갈아 넣은 얼음에 차게 마시는 칵테일로 토마토와 모차렐라 치즈로 만든 카프레제와 잘 어울린다. 달콤한 향과 약간의 알코올이 긴장을 풀어주어 '키스를 부르는 칵테일'이라는 로맨틱한 닉네임이 있다.

Ingredient

❶ 크림 드 카시스 45mℓ
❷ 크랜베리 주스 15mℓ
❸ 갈아 낸 얼음
❹ 카시스 열매나 체리

How to make

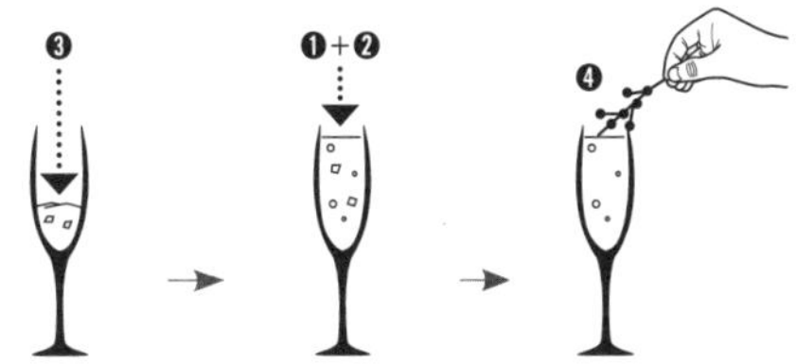

A: 샴페인 잔에 얼음을 갈아서 담는다.
B: 크림 드 카시스와 크랜베리 주스를 얼음 위에 붓는다.
C: 카시스 열매나 체리로 장식한다.

Tip

카시스의 진한 맛을 느끼고 싶다면 크랜베리 주스를 빼고 크림 드 카시스만 넣는다.

Martini glass

타입 | 숏 드링크
메인맛 | 스위트
알코올 도수 | ★★☆

매운 닭발

매운 닭발에 어울리는

애플 칵테일

- Apple cocktail -

많은 여성들이 좋아하는 매운 닭발! 맛있지만 혀가 얼얼해 머릿속이 하얘질 때는 쿨피스를 들이키게 된다. 그 쿨피스를 생각하며 만든 것이 애플 칵테일. 닭발에 어울리는 칵테일이 다 있나 싶다가도 애플 칵테일 한 잔 곁들여보면 의심이 사라질 것이다.

Ingredient

❶ 사과 1개
❷ 바닐라 보드카 45㎖
❸ 레몬 ½개
❹ 심플시럽 10㎖
❺ 애플 스냅스 15㎖
❻ 크랜베리 주스 25㎖
❼ 시나몬 스틱, 팔각 1개씩

How to make

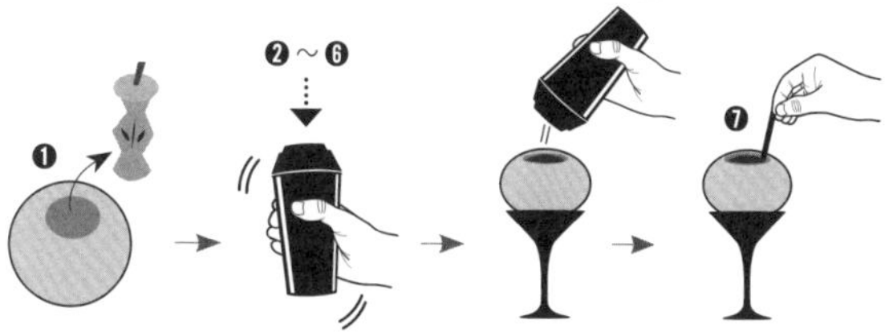

A: 사과 중앙에 구멍을 파서 씨를 제거한다.
B: 레몬은 즙을 내고 다른 재료와 셰이커에 넣고 흔든다.
C: 구멍을 판 사과 잔에 음료를 담고 팔각과 시나몬 스틱으로 장식한다.

Tip

가니쉬로 팔각을 넣지 않고 시나몬 스틱만 써도 칵테일의 향을 살릴 수 있다.

Highball glass

타입 | 롱 드링크
메인맛 | 스위트
알코올 도수 | ★☆☆

치킨

치킨에는 밋밋한 맥주 말고

오렌지 비어

- Orange beer -

무더운 여름, 열대야 때문에 잠을 청할 수 없을 때 우리가족은 가까운 한강으로 가 시원한 강바람을 맞으며 치킨을 먹었다. 치킨을 뜯을 때면 빠질 수 없는 맥주도 물론! 그때 실수로 맥주잔에 오렌지 주스를 따랐는데 맛이 좋아 이후로 치킨에는 오렌지 비어를 즐긴다. 이 칵테일은 피자나 튀김과도 잘 어울린다.

Ingredient

❶ 맥주 500㎖
❷ 오렌지 ½개

How to make

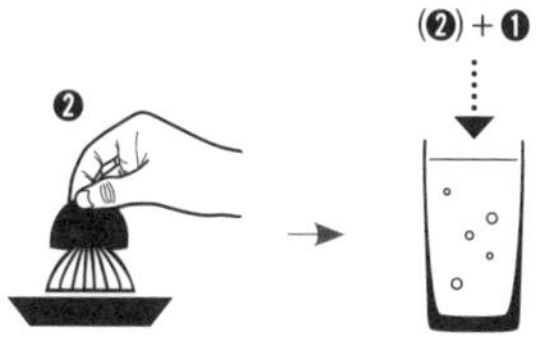

A: 맥주잔에 오렌지 즙을 짜 넣고 맥주를 붓는다.

Tip

과즙과 맥주가 섞이면서 거품이 많이 생길 수 있으니 잔에 가까이 대고 천천히 맥주를 따른다. 생 오렌지 즙은 오렌지 주스로 대체할 수 있다.

Highball glass

타입 | 롱 드링크
메인맛 | 사워
알코올 도수 | ★☆☆

QR코드를 찍으면
만들기 동영상

파스타

크림파스타와 찰떡궁합

캄파리 오렌지

- Campari & Orange -

남녀 모두가 좋아하는 크림파스타. 먹다 보면 조금 느끼할 수 있는 크림파스타에 어울리는 것이 캄파리 오렌지다. 식전주로 유명한 캄파리에 오렌지 주스를 섞어 리큐어의 쓴맛을 주스의 달콤함으로 감쌌다. 달콤 쌉싸래하게 입맛을 돋우는 칵테일이다.

Ingredient

❶ 캄파리 45㎖
❷ 오렌지 ½개
❸ 심플시럽 10㎖
❹ 스파클링 워터 80㎖
❺ 각얼음

How to make

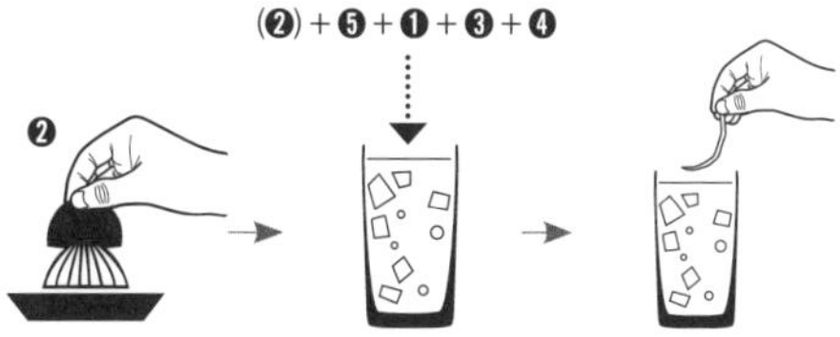

A: 오렌지는 슬라이스를 하나 해둔다.
B: 잔에 오렌지 즙을 짜 넣고 각얼음을 담는다.
C: 캄파리와 심플시럽을 넣고 스파클링 워터를 탑까지 채운다.
D: Ⓐ의 잘라놓은 오렌지 슬라이스로 장식한다.

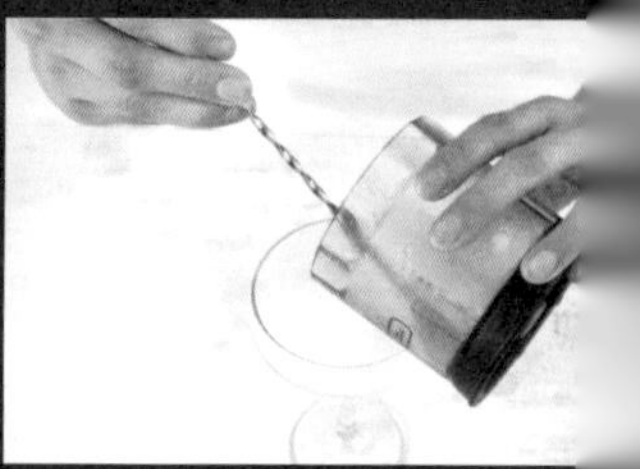

Part 6

셀럽의 칵테일

Famous cocktails

Martini glass

타입 | 숏 드링크
메인맛 | 드라이
알코올 도수 | ★★★
추천 안주 | 연어 샐러드

QR코드를 찍으면
만들기 동영상

칵테일 마니아였던 루즈벨트의

F.D.R 마티니

- F.D.R martini -

미국의 32대 대통령 '프랭클린 루즈벨트'의 F.D.R마티니를 소개한다. F.D.R은 루즈벨트 대통령의 풀 네임인 'Franklin Delano Roosevelt'를 줄여 만든 이름이다. 루즈벨트 대통령은 칵테일을 좋아했고 특히 마티니를 즐겼다. 드라이한 마티니를 직접 만들어 처칠과 자주 마셨다고 한다. 진 마티니에 올리브를 더한 칵테일이다.

Ingredient

❶ 진 45㎖

❷ 버무스 15㎖

❸ 올리브 3~4개

How to make

A: 믹싱 글라스에 소금물에 절인 올리브를 3~4개 넣고 으깬다.

B: 진과 버무스를 넣고 흔든다.

C: 거름망을 이용해 마티니 잔에 담아낸다.

Tip

기존의 F.D.R 마티니와 다르게 올리브의 향을 더 풍부하게 하기 위해 올리브를 장식만 하지 않고 으깨서 맛을 냈다. 올리브를 찧은 후 레몬즙을 한두 방울 짜서 넣으면 맛이 진해진다.

Martini glass

타입 | 숏 드링크
메인맛 | 드라이
알코올 도수 | ★★★
추천 안주 | 올리브

세상에서 가장 드라이한 마티니

처칠 마티니

- churchill martini -

마티니는 보통, 드라이 진에 버무스를 비율대로 섞어 마시지만 처칠은 아주 강한 술을 즐겼다. 때문에 버무스를 직접 넣지 않고 자린고비가 굴비 보고 밥 한 술 먹듯이 버무스 병을 보면서 드라이 진을 마셨다고 한다. 병 하나를 세워놓고 처칠 마티니를 즐겨보자.

Ingredient

❶ 진 60㎖
❷ 버무스 1보틀(관상용)
❸ 각얼음

How to make

A: 진을 믹싱 글라스에 담고 각얼음을 담아 빠르게 휘저은 후 마티니 잔에 담아낸다.
B: 버무스를 한 병 세워놓고 드라이 진을 마신다.

Tip

버무스 향을 맡으며 진을 마셔도 좋다.

Martini glass

타입 | 롱 드링크
메인맛 | 드라이
알코올 도수 | ★★★
추천 안주 | 올리브

달콤한 유혹

마릴린 먼로 마티니

- Marilyn monroe martini -

1955년 〈7년만의 외출〉이라는 영화에서 마릴린 먼로는 마티니에 설탕을 넣어 마시며 많은 남성들을 유혹했다. 이 영화로 달콤한 마티니가 당시 여성들에게 폭발적인 인기를 끌었고 '마릴린 먼로 마티니'라는 이름이 붙여졌다. 각설탕 한 개로 그 시대의 감성을 느껴보자.

Ingredient

❶ 드라이 진 60㎖
❷ 버무스 10㎖
❸ 각설탕 1개
❹ 각얼음

드라이 진
진은 그의 탄생과 성장에 따라 네덜란드 타입과 런던 타입이 있다. 네덜란드 타입은 향이 강해 칵테일로 잘 쓰이지 않는다. 런던 타입은 런던을 중심으로 발달해 인기를 끌었는데 세계 곳곳에서도 런던 드라이진을 생산하고 그 명칭도 '런던 드라이진'이라 부르는 것이 많다. 알코올 증류 후 물과 주니퍼 베리 등 향료 물질을 넣고 다시 증류한 제품이다.

How to make

A: 믹싱 글라스에 진, 버무스, 각설탕을 넣는다.
B: 각얼음을 하나 넣고 바스푼으로 휘젓는다.
C: 마티니 잔에 담는다.

Tip

각설탕 대신 설탕 1스푼이나 심플시럽을 10㎖ 써도 된다

Martini glass

타입 | 숏 드링크
메인맛 | 드라이
알코올 도수 | ★★★
추천 안주 | 견과류

제임스 본드의 술

보드카 마티니

- Vodka martini -

보드카 마티니는 영화 007시리즈, 제임스 본드의 술로 유명하다. 마티니는 본래 진 베이스가 기본이지만 영화에 보드카 마티니가 나오면서 인기를 끌게 됐다. 이 칵테일 이후에 보드카를 베이스로 한 다양한 후르츠 계열 마티니들이 사랑 받았다.

Ingredient

❶ 만다린 보드카 60㎖
❷ 버무스 14㎖
❸ 레몬 껍질

How to make

A: 셰이커에 만다린 보드카와 버무스를 넣고 흔든다.
B: 마티니 잔에 담아낸 후 길게 잘라낸 레몬 껍질로 장식한다.

Tip

※ 영화 속 제임스 본드의 "Vodka martini, shaken not stirred(보드카 마티니, 젓지 말고 흔들어서)"라는 대사가 유명하다. 1964년 007시리즈 3편 〈007 골든 핑거〉에 처음 등장한다.
※ 오렌지 껍질 가니쉬는 칼로 직접 벗기거나 오렌지 필러 혹은 채칼로 깎아 내어 만들 수 있다.

On the rock glass

타입 | 숏 드링크
메인맛 | 드라이
알코올 도수 | ★★★
추천 안주 | 커피땅콩, 꿀땅콩

고흐의 술

압생트

– Absinthe –

압생트는 반 고흐가 스스로 귀를 자르게 만든 술이다. 녹색 요정이 보이는 환각을 일으킨다고 해서 한때 판매가 금지되었다가 다시 세상에 나왔다. 환각성분인 향쑥을 제거하고 아니스(팔각)로 재료를 교체한 압생트. 지금은 요정이 안 보여서 아쉬운(?) 술일지도 모른다. 재료가 단순하지만 마시는 방법이 독특하다.

Ingredient

❶ 각설탕 1개

❷ 압생트 45㎖

압생트

향쑥, 살구씨, 회향, 아니스 등을 향료로 만든 리큐어. 녹색을 띠고 있어 '초록 악마'라고도 불리며 반 고흐가 사랑했던 술로 널리 알려져 있다. 압생트는 형광녹색에 가깝고 물이 들어가면 노란빛으로 색이 변한다.

How to make

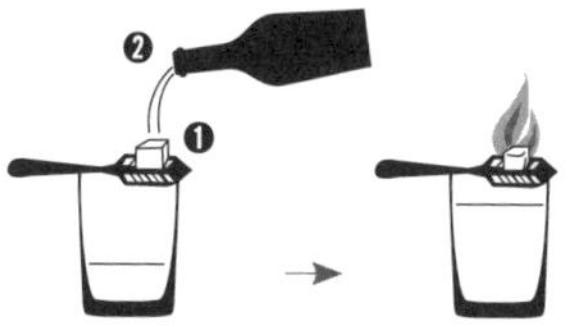

A: 잔에 압생트 전용 스푼을 올려놓는다(전용 스푼이 없을 경우 일반 스푼도 사용 가능).

B: 스푼 위에 각설탕을 놓고 그 위에 압생트를 붓는다.

C: 각설탕에 불을 붙인다.

Tip

※ 너무 독한 술이라 술이 약한 사람은 물을 조금 섞어 마신다.

※ 압생트 전용 스푼 고르는 법

– 압생트를 담을 잔의 지름보다 더 긴 길이일 것

– 스푼의 구멍이 압생트가 무난히 통과할 정도의 크기일 것

– 잔에 올려놓았을 때 떨어지지 않도록 안정감이 있을 것

Martini glass

타입 | 숏 드링크
메인맛 | 스위트
알코올 도수 | ★★☆
추천 안주 | 에그 토스트

QR코드를 찍으면
만들기 동영상

남편 존F.케네디를 위한

재키다이키리

– Jackie daiquiri –

정치계에서의 칵테일을 사랑했던 유명인으로 존F. 케네디를 빼놓을 수 없다. 케네디의 정치적 고달픔을 달래주었던 칵테일 재키 다이키리. 일반 다이키리에 오렌지 향이 추가된 것으로 재클린 케네디가 남편을 위해 만든 게 많은 사람들의 사랑을 받게 됐다.

Ingredient

❶ 럼 45㎖
❷ 라임 ½개
❸ 오렌지 ½개(혹은 코인트로 15㎖)
❹ 심플시럽 15㎖
❺ 각얼음

How to make

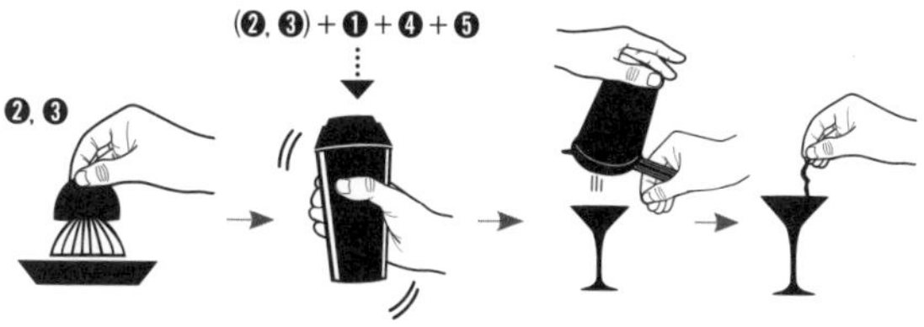

A: 라임과 오렌지는 과즙을 낸다.
B: 믹싱 글라스에 재료를 모두 넣고 흔든다.
C: 거름망을 이용해 마티니 잔에 담고 오렌지 껍질로 장식한다.

Tip

재키 다이키리는 일반적으로 라임 프로즌과 오렌지 주스를 사용하는데 과일의 풍미를 위해 생과일을 썼다. 오렌지 향 리큐어인 코인트로를 쓸 때에는 생 오렌지를 뺀다.

Margarita glass

타입 | 롱 드링크
메인맛 | 스위트
알코올 도수 | ★★☆
추천 안주 | 감자칩

헤밍웨이가 사랑한

프로즌 다이키리

- Frozen daiquiri -

프로즌 다이키리는 헤밍웨이의 다이키리라고 불린다. 다이키리를 셔벗처럼 차갑게 마시는 것이다. 전해지는 이야기에 따르면 헤밍웨이가 10년간의 슬럼프 뒤에《노인과 바다》라는 책을 낼 수 있었던 건 휴식시간에 즐긴 이 프로즌 다이키리 덕분이었다고 한다. 그에게 칵테일이 얼마나 중요한 기호식품이었는지 짐작이 간다.

Ingredient

❶ 럼 45㎖
❷ 트리플섹 30㎖
❸ 라임 ½개
❹ 심플시럽 15㎖
❺ 각얼음

How to make

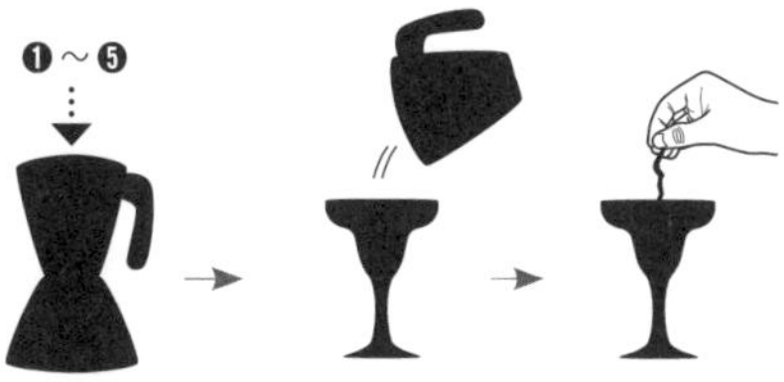

A: 블렌더에 리큐어와 심플시럽을 넣고 라임 ½개의 껍질을 깎아 넣는다.
B: 각얼음 8~10개를 넣고 갈아준다.
C: 마가리타 잔에 담아낸 후 라임 껍질로 장식한다.

Tip

라임을 깎을 때 가니쉬 할 것을 생각해서 껍질 모양에 신경 써서 깎는다. 럼의 향을 진하게 느끼려면 완성된 프로즌 다이키리에 럼을 조금 뿌려준다.

슈퍼마켓의
만만한 칵테일

막걸리와 소주를 베이스로 만드는
심플한 칵테일을 소개한다.

쏘토닉

Ingredient

❶ 소주 60㎖
❷ 토닉워터 150㎖
❸ 레몬 ⅛개
❹ 각얼음

How to make

A: 하이볼 잔에 각얼음을 가득 넣고 레몬즙을 짠 후 그 레몬 그대로 잔에 넣는다.

B: 소주를 넣고 토닉워터를 가득 채운 후 잘 저어준다.

아이스티 소주 칵테일

Ingredient

❶ 소주 60㎖
❷ 아이스티 음료 150㎖
❸ 레몬 ⅛개
❹ 피치 시럽 10㎖
❺ 각얼음

How to make

A: 카린스 잔에 각얼음을 가득 채운 후 재료들을 넣고 휘젓는다.

※ 피치 시럽이 없으면 황설탕을 1티스푼 넣는다.

청포도 막걸리

Ingredient

❶ 막걸리 65mℓ
❷ 청포도 8~10알
❸ 요구르트 30mℓ(요구르트 ½개)
❹ 청포도 주스 10mℓ
❺ 꿀 1스푼
❻ 각얼음

How to make

A: 블렌더에 재료와 각얼음을 5~6개 넣고 갈아낸다.
B: 잔에 담고 청포도로 장식한다.
※청포도가 없을 때에는 청포도 주스만 20mℓ 넣고 갈아준다.

블루베리 막걸리

Ingredient

❶ 막걸리 65mℓ
❷ 블루베리 10~12알(혹은 블루베리잼 2스푼)
❸ 요구르트 30mℓ(요구르트 ½개)
❹ 꿀 2스푼
❺ 레몬 ⅟₁₆개
❻ 각얼음

How to make

A: 블렌더에 재료들을 넣고 레몬즙을 짜 넣는다.
B: 각얼음을 5~6개 넣고 갈아준다.
C: 잔에 담아 블루베리로 장식한다.

INDEX1_ 베이스별 칵테일 찾기

베이스와 알코올 도수를 체크해 칵테일을 고르자!

보드카

가볍게 마시는 한 잔 (알코올 ★☆☆)

기분을 돋우는 한 잔 (알코올 ★★☆)

강한 한 잔 (알코올 ★★★)

데킬라

기분을 돋우는 한 잔 (알코올 ★★☆)

강한 한 잔 (알코올 ★★★)

위스키

가볍게 마시는 한 잔 (알코올 ★☆☆)

기분을 돋우는 한 잔 (알코올 ★★☆)

강한 한 잔 (알코올 ★★★)

럼

가볍게 마시는 한 잔 (알코올 ★☆☆)

기분을 돋우는 한 잔 (알코올 ★★☆)

강한 한 잔 (알코올 ★★★)

진

브랜디

와인&샴페인

리큐어&ETC

INDEX2_사진으로 보는 칵테일 찾기

ㄱ~ㄹ

그레이구스 아니스 _84

그레이프 피즈 _62

니그로니 _120

디톡스 _28

라즈베리 모히토 _30

라테 마티니 _44

로즈 애플 마티니 _112

로즈마리 가미카제 _46

ㅁ~ㅂ

마가리타 _26

마릴린 먼로 마티니 _168

만다린 사워 _24

망고 마가리타 _64

맨하탄 _34

멜론 마티니 _68

모스코뮬 _40

모히토 _56

민트 줄렙 _88

밀크 멜론 _104

뱅쇼 _76

보드카 마티니 _170

보드카 버블 _118

보드카 오렌지 _38

보드카 워터멜론 _128

블러드 메리 _108

블루 하와이 _66

블루베리 힙노틱 _138

ㅅ~ㅈ

사이드카 _80

사케 마티니 _148

샴페인 보드카 _114

썬플라워 _142

스매쉬드 그레이프 _60

스트로베리 바질 레모네이드 _54

스파클링 상그리아 _146

쓰리 와이즈맨 _116

싱가포르 슬링 _134

아이리시 카밤 _106

아이리시 커피 _74

압생트 _172

애플 마티니 _70

애플 칵테일 _156

에스프레소 마티니 _32

에스프레소 핫 샷 _132

F.D.R 마티니 _164

엘 디아블로 _100

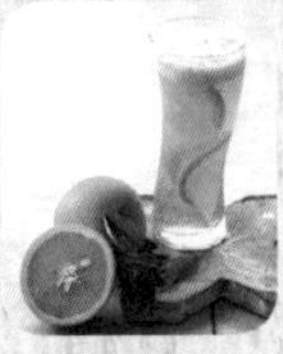
오렌지 비어 _158

올드 패션 _98

위스키 콕 _42

위스키 피즈 _86

유자 칵테일 _50

인 파프리카 _102

자몽 마티니 _82

재키 다이키리 _174

진저 카이피리냐 _94

진토닉 _150

ㅊ~ㅎ

처칠 마티니 _166

초콜릿 마티니 _92

카시스 프라페 _154

캄파리 오렌지 _160

코로나리타 _152

코스모폴리탄 _130

크림슨 트와일라잇 _90

파워 오브 러브 _126

페어 마티니 _72

페어 버블 _122

프렌치75 _136

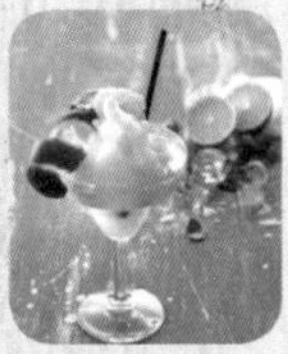
프로즌 다이키리 _176

플럼 마티니 _58

피나콜라다 _36

핌스 컵 _52

핑크 스파클링 _140

허니 그라스 _124

허브 로얄 _96

Old No.7 BRAND
JACK DANI
Old No.7 BRAND
Tennessee
SOUR MASH
WHISKEY
70cl 40% Vol.
LYNCHBURG, TENNESSEE 37352
DANZKA
VODKA
IMPORTED 75 cl
1849
LIQUEUR
COINTREAU
L'UNIQUE
UNE HARMONIE
SUBTILE ET NATURELLE
DES ÉCORCES
D'ORANGES
DOUCES ET AMÈRES
MAISON FONDÉE EN 1849
E. Cointreau
DISTILLATEUR LIQUORISTE
ANGERS FRANCE
40%ALC/VOL 700 mL
PRODUCT OF FRANCE

SILVER
TEQUILA
PATRÓN
IMPORTED
Taboo
500 ml

탐나는 칵테일

홈메이드 믹싱 칵테일 76가지

초판 1쇄 발행 2014년 12월 17일
개정판 2쇄 발행 2020년 7월 23일

지은이 박주화 · 김기용
펴낸이 이범상
펴낸곳 ㈜비전비엔피 · 이덴슬리벨

기획편집 이경원 차재호 김승희 김연희 황서연 김태은
디자인 최원영 이상재 한우리
스타일링 오진
사진 도트스튜디오 방문수
영상촬영 · 편집 어바웃더컷 남궁일
마케팅 한상철 이성호 최은석 전상미
전자책 김성화 김희정 이병준
관리 이다정
협찬 리쿼스토어 바이 홈(서울 강남구 도산대로 51길 13) | 단즈카 보드카

주소 우)04034 서울특별시 마포구 잔다리로7길 12 1F
전화 02)338-2411 | **팩스** 02)338-2413
홈페이지 www.visionbp.co.kr
인스타그램 www.instagram.com/visioncorea
포스트 post.naver.com/visioncorea
이메일 visioncorea@naver.com
원고투고 editor@visionbp.co.kr

등록번호 제2009-000096호

ISBN 979-11-88053-59-9 (13590)

· 값은 뒤표지에 있습니다.
· 파본이나 잘못된 책은 구입처에서 교환해 드립니다.

이 도서의 국립중앙도서관 출판시도서목록(CIP)은 서지정보유통지원시스템 홈페이지(http://seoji.nl.go.kr)와
국가자료공동목록시스템(http://www.nl.go.kr/kolisnet)에서 이용하실 수 있습니다.(CIP제어번호: CIP2019021972)